ノーベル賞でつかむ現代科学

小山慶太 著

岩波ジュニア新書 839

はじめに

一九〇一年に授賞が始まったノーベル賞の科学三部門(物理学・化学・医学生理学)は、今や人間の独創性、創造性を顕彰する制度として、並び立つものがないほど一頭地を抜く高い評価を受けている。普遍性、客観性にすぐれているという科学の特徴を反映し、ノーベル賞は、その受賞者に世界が共通の認識と価値観をもって畏敬(いけい)の念を払う存在となっている。

そこまでノーベル賞が栄光と威信に包まれるようになった背景には、いくつかの要因が考えられるが、まずはそれが当時としては珍しい国際的な学術賞であったことがあげられる。ノーベルは遺言書の中に、「賞は国籍もスカンジナビア出身か否かも問わず、もっとも重要な貢献をした者に贈る」よう認(したた)めたのである。

現代でこそ、グローバルな視点に立って物事を判断することの重要性が叫ばれてはいるが、ノーベルが遺言を書いた一九世紀末はまだ、西欧を中心とした国家主義、民族主義が色濃く現れていた時代であった。にもかかわらず、ノーベルは選考に際し、業績だけを純粋に評価するよう明言したのである。このように、一〇〇年以上も前に、国家間の力関係やそこから派生する偏狭な物の見方にいっさい捉われず、国際的な広い視野のもとに授賞を考えたノーベルの意思はまさに卓見であった。その先見性が賞の権威を今日の地位に押し上げた基盤にあったことは、間違いなかろう。

ところで、ノーベルが遺言書を作成した一八九五年には、レントゲンがX線を発見している。これを契機に、放射能、電子、各種の放射線や新種の放射性元素などの発見が相次ぎ、科学は物理学を中心に、大きな変革期を迎えることになる。

変革期というのは、大勢の天才、大科学者たちが登場した時代である(その代表はアインシュタインになろう)。従って、草創期のノーベル賞は歴史をつくった超大物たちに次々と贈られていった。因みに、第一回の受賞者はレントゲン(物理学賞、X線の発見)、ファント・ホフ(化学賞、化学熱力学の法則と浸透圧の発見)、ベーリング(医学生理学賞、ジフテリアの血清療法の業績)とそうそうたる顔ぶれである。

こうした〝スーパースター〟たちが受賞者の系譜に名前を連ねていくことにより、ノーベル賞の権威はスタートダッシュよろしく、短期間のうちに一気に高まっていった。

そして、もう一つ見落としてはならないのは、一世紀余の歴史を通し、ノーベル賞の選考はきわめて厳正、公平に行われていることである。手間暇をかけた綿密、ていねいな調査と審査のもと、授賞対象の研究に関し、もっとも大きな寄与を果たした科学者を探し出す努力が常につづけられている。そこにはノーベルの遺言の精神が、今も受け継がれているのである。

というわけで、こうした背景から、ノーベル賞を指標にすると現代科学の全体像が象（かたど）られてくるのである。

そこで、本書では現代科学の重要なテーマを素粒子、物質、生命、宇宙の四つのジャンルに大別し、その発展をノーベル賞受賞研究に注目しながらたどってみた。各章ごとに、ニュートリノの質量、ヒッグス粒子の創成、高温超伝導、ボース－アインシュタイン凝縮の実現、クローン技術、iPS細胞、宇宙の加速膨張の観測などホットな最新の話題を織り込みながら、科学の現状が大づかみできるような構成が組まれている。

その中から、若い読者の皆さんが興味を抱くテーマを見出し、それを刺激にして、科学研究への関心を深めてもらえればと願っている。

二〇一六年七月

小山慶太

目　次

＊本文中に引用した夏目漱石の手紙などは、特にことわりのない限り『漱石全集』(岩波書店)による。

1章　ノーベル賞が刻む素粒子研究の歩み

夏目漱石が読んだ原子論

ノーベル賞の授賞が始まる一九〇一(明治三四)年の九月一二日、ロンドンに留学中であった夏目漱石は門下生の物理学者、寺田寅彦に宛てた手紙にこう書いている。

「(略)本日の新聞でProf. Rücker の British Association でやった Atomic Theory に関する演説を読んだ。大に面白い。僕も何か科学がやり度なった。此手紙がつく時分には君も此演説を読んだろう」。

ここで漱石が新聞で読んだと伝えた演説とは、グラスゴー(スコットランド)で開かれたイギリス科学振興協会(The British Association for the Advancement of Science)における、同会会長リュッカー(Rücker、ロンドン大学学長の物理学者)の原子論(Atomic Theory)に関する講演である。その内容は当時、物理学者の熱い関心を集めていた原子の実在性を論じたものであった。

原子というミクロの対象に物理学が足を踏み入れるきっかけとなったのは、一八九五年、レントゲンによるX線の発見であった。いわばこれを導火線にして、放射能、ラジウム、電子などの発見が矢継ぎ早につづき、物理学はそれまでの歩みとは異なり、人間の目では捉えられない未知の世界を射程に収め始めたのである。こうした物理学の革命ともいえる一九世紀末の状況をリュッカーは解説したわけであるから、漱石が「大に面白い」と書いたのもうなずける。

そして、二〇世紀に入るとさらに、原子が何から構成され、その内部構造はどうなっているのかという問題が物理学の主要テーマとして、クローズ・アップされてきた。つまり、原子をより小さな階層に分割しようとする試みである。ここに、現代につながる素粒子物理学の系譜の原点を見て取ることができる。

因みに、二一世紀に入ってからのノーベル物理学賞を見てみると、ニュートリノやヒッグス粒子など素粒子分野からの受賞が目につく(表1-1)。中でも、つかみどころのない(物質とほとんど相互作用しない)ことから、〝幽霊粒子〟と呼ばれていたニュートリノにきわめてわずかながらも質量があることを示す現象を観測した二〇一五年の受賞研究、そして、その質量が宇宙誕生の直後、素粒子一般に付与される起源となったとされるヒッグス粒子の理論(二〇一三年)が受賞したニュースが大きく報じられたことは記憶に新しい。

そこからも、素粒子研究が現代物理学の一大潮流を成している様子がうかがえる。

表 1-1　21 世紀の素粒子分野のノーベル物理学賞

2002 年	R. デイヴィス 小柴昌俊	宇宙ニュートリノの検出
2004 年	D. J. グロス H. D. ポリツァー F. ウィルチェック	強い相互作用の漸近的自由性の理論
2008 年	南部陽一郎	自発的対称性の破れの理論
	小林誠 益川敏英	CP 対称性の破れの理論
2013 年	F. アングレール P. ヒッグス	ヒッグス粒子の存在の予言
2015 年	梶田隆章 A. B. マクドナルド	ニュートリノ振動の発見

(2015 年現在)

そこで、いったん、潮流の源流まで遡(さかのぼ)り、物理学が人間の五感を超えたミクロの世界をどのように探索してきたかを、ノーベル賞の歴史に沿って見ていくことにしよう。

素粒子第一号となった電子

「素粒子」とは読んで字の如(ごと)く、物質を構成する〝素(もと)〟となる粒子のことである。物質を分割し、もうこれ以上は小さくできないというレベルまでたどりついたときの究極の最小構成要素を指している。「原子」を表す〝アトム〟(atom)の語源も、分割不可能を意味するギリシア語に由来しており、それは万物の基本単位を指す概念であった。

漱石がいみじくも「大に面白い」と書いた

図 1-1　キャヴェンディッシュ研究所の若手研究者に囲まれた J. J. トムソン所長(前列，左から 4 人め)，1899 年．2 列め，左から 3 人めは C. T. R. ウィルソン(1927 年ノーベル物理学賞)，その右隣はラザフォード(1908 年ノーベル化学賞)(“A History of The Cavendish Laboratory 1871-1910” Longmans, Green, and Co. 1910 より)

リュッカーの原子論はまさに、概念として扱われていた原子の実在性がにわかに現実味を帯びてきた当時の状況を、いくつかの実験事実にもとづいて論じたものである。

その中で、リュッカーが紹介している実験に、一八九七年、ケンブリッジのキャヴェンディッシュ研究所長J・J・トムソンが行った電子の発見に関するものがある(図1-1)。実はこれこそが、素粒子発見の第一号であった(ただし、当時はまだ、J・J・トムソンもリュッカーも〝electron〟〔電子〕という用語は使わず、〝corpuscle〟〔微粒子〕と表現して

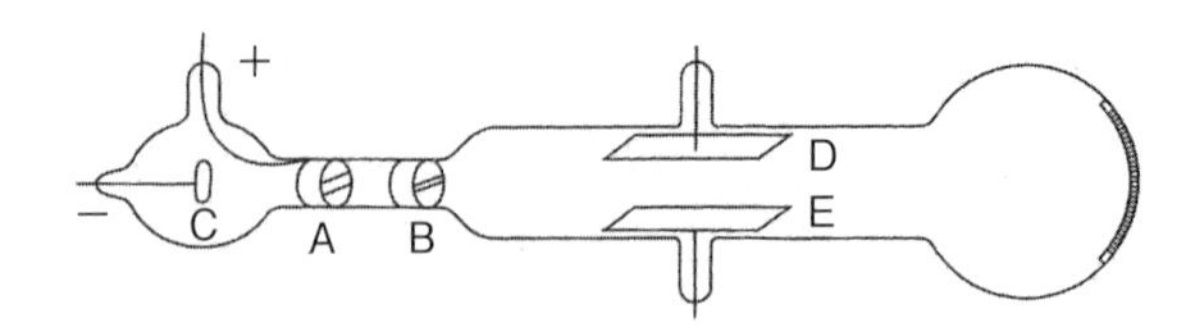

図 1-2　J. J. トムソンの放電管．陰極 C を出た陰極線はスリット A，B で絞られ，D と E の間にかけられた電場を通過すると，進路が曲げられ，右側のガラス壁に達する（物理学史研究刊行会編『電子　物理学古典論文叢書 8』東海大学出版会をもとに作成）

いる）。

一九世紀末、物理学者の関心を集めていた研究対象に陰極線がある。放電管と呼ばれる排気したガラス管の中に電極を封入し、そこに電圧をかけると放電が起き、陰極から正体不明の放射線が出てくることが知られていた。これが陰極線である。

J・J・トムソンはこの陰極線の性質を詳しく調べるため、放電管の真空度を高くし、陰極線の進路に直角に電場を作用させてみた（図1-2）。管内に気体が残留していると、陰極線が気体分子に衝突して電離（イオン化）を起こすため、せっかく作用させた電場の効果が弱められてしまうからである。果たして、電離現象を取り除いた放電管を用いると、陰極線は電場の影響を受け、その進路を曲げたのである。

これは取りも直さず、陰極線が電荷を帯びた粒子の流れ（ビーム）であることを示唆していた。曲げられる方向から、電荷の符号が負（マイナス）であることも明らかにされた。また、磁場を作用させた場合でも、同様に進路の屈曲が観測された。

これらの結果にもとづいてJ・J・トムソンは陰極線の荷電粒子、つまり電子の電荷eと質量mの比e／m（これを比電荷という）を計算し、その値から電子の質量は水素原子の約一七〇〇分の一と算出した。かなり軽いということになる。

さらにもう一つ、重要な事実が報告された。陰極に用いる金属の種類を変えても、そこから放射される荷電粒子の比電荷は常に同じ値であった。ということは、それはあらゆる物質に共通な構成要素の一つと考えられる。

この他にも、ゼーマンが一八九六年に発見したゼーマン効果（原子が出す光のスペクトル線が磁場の影響を受けると分岐する現象）や、ベクレルが一九〇〇年に測定したベータ線（放射性元素から出る放射線の一つ）の比電荷測定からも、電子の存在が突き止められていった。

こうして、素粒子の第一号となる電子は発見されたのである。

一九〇六年、J・J・トムソンはノーベル物理学賞を贈られるが、その受賞講演「負電気の担い手」の中でこう語っている。

「この微粒子は、この上なくさまざまな状態の下にあるあらゆる種類の物質の一部を成し

表 1-2　電子とそれに関連する研究のノーベル物理学賞

年	受賞者	研究
1901 年	レントゲン	X 線の発見
1902 年	ローレンツ ゼーマン	放射現象に及ぼす磁気の影響の研究
1903 年	ベクレル	ウランの放射能の発見
	P. キュリー M. キュリー	放射能の研究
1905 年	レーナルト	陰極線の研究
1906 年	J. J. トムソン	気体内電子伝導の研究
1923 年	ミリカン	電気素量と光電効果の研究

ているように思われます。したがって、これを原子を形成する煉瓦の一つとみなすのは、自然なことなのです」(『ノーベル賞講演　物理学1』講談社)。

なお、〝煉瓦〟が仮想上の存在ではなく物理学的実体であることを示すには、それに付与された物理量を測定し、その値を求めることが必要になる。たとえば、質量と電荷はそうした基本的な量といえる。電場や磁場による陰極線の進路の曲がり具合やゼーマン効果による線スペクトルの分岐から、電子の比電荷e/mが求められたのはその第一歩であった。

これに関連して、ミリカンは一九〇九年から一九一六年にかけ、今日「ミリカンの油滴の実験」と呼ばれる巧妙な方法で、比電荷ではなく、電子の電荷eの精密な値を単独に求めることに成功した。それによって、必然的に電子の質量mも正確に分かるようになる。こうして、電子は測定可能な特徴（電荷と質量）をもつことから、素粒子の第一号として認定されていくのである。

以上述べた電子の発見とそれに関連する研究の多くが、初期のノーベル物理学賞を受賞している（表1-2）。

素粒子実験の大規模化

ここで、表1-1と表1-2を比べてみると、ここ一〇〇年の間に、物理学実験のスケールがいかに拡大したかがよく分かる。

J・J・トムソンが電子を発見するのに用いた放電管（図1-2）は、手でもてるくらいのコンパクトなサイズであった。そして、表1-2に載せた研究はすべて、同程度の装置を使って成されたものである。ところが、それから一〇〇年、実験のスケールはけた違いに様変わりしてしまった。

一九六四年、ヒッグスらは南部陽一郎の「自発的対称性の破れの理論」を応用し、質量の起源とされるヒッグス粒子の存在を理論的に予言した。しかし、彼らはノーベル賞を手にするまで実に半世紀も待たされた。その理由は理論を検証できる装置を建造するのに、それだ

Physics Letters B 726 (2013) 88–119

ELSEVIER

Contents lists available at ScienceDirect

Physics Letters B

www.elsevier.com/locate/physletb

Measurements of Higgs boson production and couplings in diboson final states with the ATLAS detector at the LHC ☆

CrossMark

ATLAS Collaboration *

ARTICLE INFO

Article history:
Received 4 July 2013
Received in revised form 1 August 2013
Accepted 5 August 2013
Available online 13 August 2013
Editor: W.-D. Schlatter

ABSTRACT

Measurements are presented of production properties and couplings of the recently discovered Higgs boson using the decays into boson pairs, $H \to \gamma\gamma$, $H \to ZZ^* \to 4\ell$ and $H \to WW^* \to \ell\nu\ell\nu$. The results are based on the complete pp collision data sample recorded by the ATLAS experiment at the CERN Large Hadron Collider at centre-of-mass energies of $\sqrt{s} = 7$ TeV and $\sqrt{s} = 8$ TeV, corresponding to an integrated luminosity of about 25 fb^{-1}. Evidence for Higgs boson production through vector-boson fusion is reported. Results of combined fits probing Higgs boson couplings to fermions and bosons, as well as anomalous contributions to loop-induced production and decay modes, are presented. All measurements are consistent with expectations for the Standard Model Higgs boson.

© 2013 CERN. Published by Elsevier B.V. All rights reserved.

図1-3　ヒッグス粒子の検出を報告するCERNの論文の冒頭部分(“Physics Letters B”, 2013より)

けの時間を要したからである。

ヒッグス粒子は二〇一二年、ヨーロッパ合同原子核研究機構(CERN〔セルン〕)の大型ハドロン衝突装置LHC(Large Hadron Collider)によって発見された。LHCは円周約二七キロメートルのリングの中で、光速の九九・九九九九九七%まで加速した陽子ビームを正面衝突させ、宇宙誕生直後の超高エネルギー状態の再現を可能にした。それによって初めて、ヒッグス粒子はその姿を現したのである(図1-3)。

また、ニュートリノに質量があることを明らかにした「スーパーカミオカンデ」は、岐阜県飛騨市神岡町の地下一〇〇〇メートルに建設された巨大な円筒形の観測装置である(高さ四一・四メートル、直径三九・三メートル。図1-4)。円筒形の中には五万トンの純水が満たされ、その内壁には光電子増倍管

（光を電気信号に変換する検出器）が、トンボの複眼のように張り巡らされている。

　そこに飛来したニュートリノがごくわずかな確率ではあるが水とぶつかると、電子などの荷電粒子が水中での光速を超える速度をもって発生する。すると、水中を走る荷電粒子の軌跡に沿って、チェレンコフ光と呼ばれる特殊な光が円錐状に放射される（この現象を発見したチェレンコフら旧ソ連の三人は一九五八年、ノーベル物理学賞を受けた）。この光を壁面を埋め尽くした光電子増倍管が感知することにより、ニュートリノを検出するのである。

図 1-4　建設中のスーパーカミオカンデ
（『科学』2015 年 12 月号，岩波書店より）

　という具合に、ＬＨＣもスーパーカミオカンデも現代のハイテクを駆使した、いかに大がかりな観測施設であるかが分かる。

　これに比べると、一世紀前、電子の発見に使われた放電管がなんともかわいらしくみえてくる。そして、J・J・トムソンは一人で実験を行っているのに対し、ヒッグス粒子検出の論文(図1-3)の著者はなんと三〇〇〇名を超える大世帯である。物理学がここ一〇〇年でめざましい発展を遂げたことは言を俟たないが、同時にそれは実験規模の著しい巨大化ももたらしたのである。

そう考えると、ほとんど手づくりに近い装置を使い、実験室で一人、こつこつと自然の謎の解明に挑んでいた初期のノーベル賞受賞者たちの純朴な姿に、どこか懐しさを覚える。そこに近代科学の原風景を見るような気がする。漱石が『吾輩は猫である』の中で「首縊りの力学」を講じた水島寒月や『三四郎』の中で「光線の圧力測定」に取り組んだ野々宮宗八をいきいきと描き得たのも、科学のこうした時代背景があったからであろう。

電子の二重性

ところで、電子の発見者J・J・トムソンを表記するとき、敢えてイニシャルをつけているのは、彼の息子G・P・トムソン(図1-5)と区別するためである。というのも、息子もまた、電子に関する業績で一九三七年、ノーベル賞を贈られ、物理学史に名前を刻んだからである。そこで、父子の研究内容の違いを見ておこう。

人間の五感で捉えられるマクロの世界と本質的に異なる素粒子の特徴に、「粒子と波の二重性」と呼ばれる性質がある。たとえば、電子は電荷と質量を与えられた〝粒子〟であると同時に、そのエネルギーに対応する振動数(波長)をもつ〝波〟としても振る舞うという奇妙な話なのである(ただし、これを奇妙に感じるのは、私達がマクロの世界に生きているからにほかならない)。そして、どちらの性質が現れるかは観測の仕方によって決まる。

こうした〝二重性〟の発端は一九〇五年、アインシュタインが提唱した光量子仮説にある。当時、光の正体は電磁波とみなされていた。電場(電気的な力が働く空間)と磁場(磁気的なそれ)が直交しながら波となって、真空中を光速c(秒速約三〇万キロメートル)で伝わるわけである。その際、干渉や回折といった波特有の現象が、光の波動性を示していた。

図1-5　G. P. トムソン
(『ノーベル賞講演　物理学5』講談社より)

これに対し、アインシュタインは確かに干渉や回折など空間的、時間的に一定の広がりを伴う現象を観測した場合、光は波の特性を顕著に現すが、光が局所的、瞬間的に放出、吸収される場合には、〝粒子〟として捉えられると考えた。これが光量子、今日では光子と呼ばれる描像(びょうぞう)である。

たとえば、光電効果がそれに当たる。光電効果とは、光を当てると物質の表面から電子が飛び出してくる現象である。一九世紀末すでに、当てる光の振動数、強度と飛び出してくる電子の速度、個数との定量的な関係が詳しく測定されていた。しかし、この測定結果を波動説にもとづいて説明しようとしても、なかなかうまくいかなかった。

このとき、アインシュタインは光をエネルギーの塊(かたまり)である粒子とみなし、それが電子との“玉突き”を起こすと解釈すれば、すべて測定結果の説明がつくことに気が付いたのである。ニュートンの時代以来、光の正体については波動説と粒子説をめぐる論争がつづけられてきたが、アインシュタインはそうした二者択一を迫るのではなく、光の中に両方の属性が織り込まれていると考えたわけである。そこに光量子仮説のユニークさがある。

なお、アインシュタインが一九二二年に一九二一年度の賞としてノーベル賞を贈られたのは、光量子仮説による光電効果の理論によってであった(ここで年次にずれがあるのは、第一次世界大戦の影響で一九一六年に授賞が行われなかったからである)。また、X線(短波長の電磁波)が粒子となって物質中の電子と衝突し、波長を変化させるコンプトン効果を発見したコンプトンが一九二七年、光が粒子として分子に散乱されエネルギーをやり取りするラマン効果を発見したラマンが一九三〇年、それぞれノーベル賞を受けている。

さて、このように、波とみなされていた光(電磁波)に粒子の性質が潜んでいたとすれば、逆に、粒子であるべき電子にも波動性が見られるのではないかと予測したのが、ドゥ・ブローイである。ドゥ・ブローイは一九二四年、物質波という概念を提唱し、電子(一般には粒子)の〝二重性〟を理論的に導き出した。それによると、粒子を特徴づける運動量p(質量×速度)と波を特徴づける波長λ(ラムダ)の間には反比例の関係「λ＝h／p」が成り立つというのである(ここでhはプランク定数と呼ばれる一定普遍な量)。

そこで、G・P・トムソンは金、白金、アルミなどの薄膜(はくまく)に垂直に電子ビームを当て、薄膜の後ろに置いた写真乾板にどのようなパターンが現れるかを観測してみた。薄膜を構成する原子と原子の間隔は約10^{-10}メートルになる。一方、ドゥ・ブローイが導いた式に従うと、一〇〇ボルト程度の電圧をかけて電子を加速すると、そのとき得られる運動量に対応する電子の波長もほぼ同じ長さになる。

従って、電子に波の性質があれば、薄膜内の原子がつくる網状の平面で反射された波が干渉を起こし、そのパターンが写真乾板上に描かれることになる。こうして、G・P・トムソンはドゥ・ブローイの理論を実証したのである(彼と独立に電子の波動性の実験に成功したデヴィソンも一九三七年、ノーベル賞を受けている)。

というわけで、父は電子の粒子性を息子はその波動性を突き止め、父子で素粒子第一号の全貌を明らかにしたことになる。

ニュートリノ振動

一九二六年、シュレディンガーはドゥ・ブローイの物質波の考えを発展させ、粒子の波動性を記述する式を導き出した。それは時間tと位置(x、y、z)を変数とする波動方程式でありながら、マクロの世界のそれと異なり、式の中に粒子の質量が含まれており、そこに粒子と波の二重性が込められていた。

また、その翌年、ハイゼンベルクがこの二重性を前提として、「不確定性原理」なるものを提唱した。それによると、たとえば電子の位置と運動量を同時に決定することはできず、一方を正確に決定しようとすると、それに反比例する形で、もう一方の値があいまい(不確定)になってしまうという、なんとも歯がゆい内容である。これはニュートン力学には見られない、新しい描像であった。

このようにして、一九二〇年代の後半、シュレディンガー方程式と不確定性原理を基盤にして、素粒子の振る舞いを扱う量子力学という理論体系ができあがるのである(ハイゼンベルクは一九三二年、シュレディンガーは一九三三年それぞれノーベル賞を贈られた)。

さて、このころ、素粒子の世界で一つの謎(なぞ)が指摘されていた。原子核が電子を放出して崩壊する現象(これをベータ崩壊という)を観測すると、崩壊前に比べ崩壊後のエネルギーがほんの少し足りないのである。つまり、観測される粒子だけに注目すると、エネルギー保存則が破綻していることになる。しかし、そんなばかな話はあり得ない。

そこで、一九三〇年、パウリは観測にかからない未知のきわめて軽い中性の粒子——これがニュートリノ——が電子と一緒に、原子核から飛び出し、エネルギーをもち去っているのではないかと考えた(それを受け、一九三三年フェルミがベータ崩壊の理論を提唱した)。そのとおりであったのだが、いかんせん、このニュートリノは物質とほとんど相互作用しないため、それをつかまえるにはパウリの予想から四半世紀の時間を要した。

一九五六年、ライネスとコーワンがワシントン州の原子炉を使い、ニュートリノがごくまれに水に含まれる陽子に衝突すると起こる核反応を利用して、やっと、その検出に成功したのである。ライネスはこの業績で一九九五年、ノーベル賞を贈られるが、そのとき行った受賞講演のタイトルが面白い。「ニュートリノ——ポルターガイストから粒子へ」というの

図1-6　実験中のライネス(左)とコーワン(右)(“Nobel Lectures Physics 1991-1995” World Scientific より)

である。〝幽霊〟をやっとつかまえたという意味の洒落であろう(なお、相棒のコーワンは一九七四年に亡くなっていた。ノーベル賞は故人には授与されないのである、図1-6)。

　ところで、パウリとフェルミがその存在を予言し、ライネスらが観測に成功したのはベータ崩壊に伴って発生するニュートリノであったわけであるが、その後、一九六二年、パイ中間子という素粒子が崩壊する別の過程で、異なるニュートリノが放出されることが明らかにされた。そこで、前者を電子ニュートリノ、後者をミューニュートリノと呼んで区別するようになった(ミューニュートリノを発見したレーダーマン、シュワルツ、シュタインバーガーは一九八八年、ノーベル賞を受けた)。さらに二〇〇〇年には、三つめとなるタウニュートリノが発見された。

ここで、量子力学特有の「粒子と波の二重性」が顔を出す。ニュートリノにもし質量があると(これは粒子的な性質)、飛行中にニュートリノの種類が変わる現象――つまり、〝変身〟――が起きることが一九六二年、牧、中川、坂田の三人により理論的に示された。たとえば、電子ニュートリノがミューニュートリノに変身し、それがまた、電子ニュートリノに戻るという入れ替わり現象が交互に生じるのである。これを「ニュートリノ振動」といい、ここに波動的な性質が見られたのである。

なぜ、こんな不思議が起きるのかというと、ニュートリノは三種類存在し、その質量には違いが――従って、それに対応する振動数ν(ニュー)(波長λ(ラムダ)の逆数)にも違いが――見られるが、それぞれのニュートリノはいずれも二種類のニュートリノに付随する波が重ね合わさった状態にあると考えられるからである(これも量子力学ならではの捉え方になる)。

一般に振動数がわずかに異なる二つの波が重なり合うと干渉して、振幅が周期的に変化する合成波が生じる。これを「うなり」という。音叉(おんさ)を鳴らしたとき、音が大きくなったり小さくなったりするのはまさにこの現象である。

ニュートリノの場合、二つの波に対応する粒子の質量に差があるので、軽い方が重い方より速く走るため、波の重なり具合が周期的に変化する。その結果、うなりが生じ、さきほどの例でいえば、電子ニュートリノとミューニュートリノの間で変身が見られるというわけである。

二〇一五年のノーベル物理学賞(表1-1)に輝いたニュートリノ振動の発見は、量子力学の基盤であり、G・P・トムソンらが観測した粒子と波の二重性の延長線上にあったわけである。

陽子と中性子の発見

さて、話がいつの間にか二一世紀まで進んでしまったが、ここで時代をもう一度、二〇世紀前半に巻き戻してみよう。

電子が発見され、原子はもはや究極の粒子ではないことが判明すると、必然的に、原子には他にどのような構成要素が存在するのかが次の重要な問題となってきた。

一九一九年、J・J・トムソンの後を継いでキャヴェンディッシュ研究所長となったラザフォードは(図1-1)、放射性元素ラジウムから飛び出してくるアルファ線(質量の大きい正電荷の粒子、ヘリウムの原子核)をさまざまな軽い元素にぶつけ、原子を破壊する実験を行ってみた。そして、破壊された原子から叩き出されてくる荷電粒子に磁場を作用させ、その

図 1-7　マンチェスター大学の物理学のスタッフ(1912 年). 前列中央がラザフォード, 2 列めの右から 3 人めがチャドウィック(D. Wilson “Rutherford” Hodder and Stoughton より)

曲がり具合を測定してみると、標的に使う元素の種類が何であっても、その荷電粒子の正体は水素の原子核であることが確認された。つまり、いずれの核にも共通して水素原子核がその構成要素として含まれていたのである。

ラザフォードはこれを、「陽子（プロトン）」と呼ぶことにした。こうして、電子につづき、二つめの素粒子もキャヴェンディッシュ研究所で発見された。さらに、三つめとなる中性子も一九三二年、同研究所のチャドウィックによって見出されることになる。

チャドウィックはラザフォードがマンチェスター大学教授をつとめていたときからの門下生で、師のキャヴェンディッシュ所長就任に伴ってケンブリッジに移ってきた(図1-7)。

それから一〇年ほど経った一九三〇年、アルファ線をベリリウムの核にぶつけると、きわめて透過性の高い放射線が発生することが、ドイツのボーテとベッカーによって報告され、話題となったこの放射線は「ベリリウム線」と名づけられ、その正体はガンマ線(X線よりもさらに波長の短い高エネルギーの電磁波)であろうとみなされた。

この実験結果を受けて、一九三二年ジョリオ＝キュリー夫妻(夫のフレデリックはマリー・キュリーの助手をつとめた科学者、妻のイレーヌはピエールとマリー・キュリー夫妻の長女)がベリリウム線をパラフィンなど水素を多く含む物質に照射してみたところ、物質から高速の陽子が飛び出してくることを確認した。彼らもボーテらの解釈に引きずられたのであろう、ベリリウム線をガンマ線とみなし、この実験結果を説明していた。

これに疑問を抱いたのが、ラザフォードである。いくらガンマ線のエネルギーが高いとはいえ、電磁波が衝突した陽子を高速で物質から叩き出すことなど果たしてできるであろうかという疑問である。電子が衝突してきたX線によって突きとばされるコンプトン効果やすでに述べた光電効果では、確かに電磁波が粒子となって電子と玉突き現象を生じさせてはいるが、それはいずれも電子が軽いからである。電子の約一八〇〇倍もの質量をもつ重い陽子を電磁波がふっとばしてしまうのは、おかしいというわけである。

チャドウィックがジョリオ＝キュリー夫妻の論文をラザフォードに報告したとき、師は突然、大きな声で「そんなバカな話は信じられん！」と叫んだという(チャドウィックの「中性子発見の個人的覚書」第一〇回国際科学史会議)。

ここで、ベリリウム線をガンマ線ではなく、陽子と同じくらいの質量をもつ中性の粒子と仮定すれば、その衝撃によってパラフィンから陽子が高速で飛び出してくる現象は納得がいく。また、ベリリウム線の高い透過力(とうかりょく)も説明がつく。中性粒子であれば核や電子から電気的な力を受けないので、物質内を長い距離、走りつづけられるからである。

そこで、チャドウィックはベリリウム線をさまざまな物質に照射し、そこから叩き出される陽子だけでなくそれ以外の原子核も観測した結果、この衝突反応は陽子と同じ程度の質量をもち、電気的に中性な粒子によって引き起こされたと結論づけた。また、中性子が生じるプロセスについては、ベリリウムの原子核がアルファ線を捕獲して炭素の原子核に変換され、その際、中性子が放射されると説明されている。

チャドウィックの実験は一九三二年、『ネイチャー』に報告され、一九三五年のノーベル賞に輝いた。因みに、この論文、わずか半頁(ページ)という簡潔なものであった(図1-8)。

というわけで、ジョリオ＝キュリー夫妻はすんでのところで中性子発見を見逃してしまっ

312 *NATURE* [FEBRUARY 27, 1932

Letters to the Editor

[*The Editor does not hold himself responsible for opinions expressed by his correspondents. Neither can he undertake to return, nor to correspond with the writers of, rejected manuscripts intended for this or any other part of* NATURE. *No notice is taken of anonymous communications.*]

Possible Existence of a Neutron

IT has been shown by Bothe and others that beryllium when bombarded by α-particles of polonium emits a radiation of great penetrating power, which has an absorption coefficient in lead of about 0·3 (cm.)$^{-1}$. Recently Mme. Curie-Joliot and M. Joliot found, when measuring the ionisation produced by this beryllium radiation in a vessel with a thin window, that the ionisation increased when matter containing hydrogen was placed in front of the window. The effect appeared to be due to the ejection of protons with velocities up to a maximum of nearly 3×10^9 cm. per sec. They suggested that the transference of energy to the proton was by a process similar to the Compton effect, and estimated that the beryllium radiation had a quantum energy of 50×10^6 electron volts.

I have made some experiments using the valve counter to examine the properties of this radiation excited in beryllium. The valve counter consists of a small ionisation chamber connected to an amplifier, and the sudden production of ions by the entry of a particle, such as a proton or α-particle, is recorded by the deflexion of an oscillograph. These experiments have shown that the radiation ejects particles from hydrogen, helium, lithium, beryllium, carbon, air, and argon. The particles ejected from hydrogen behave, as regards range and ionising power, like protons with speeds up to about $3{\cdot}2 \times 10^9$ cm. per sec. The particles from the other elements have a large ionising power, and appear to be in each case recoil atoms of the elements.

If we ascribe the ejection of the proton to a Compton recoil from a quantum of 52×10^6 electron volts, then the nitrogen recoil atom arising by a similar process should have an energy not greater than about 400,000 volts, should produce not more than about 10,000 ions, and have a range in air at N.T.P. of about 1·3 mm. Actually, some of the recoil atoms in nitrogen produce at least 30,000 ions. In collaboration with Dr. Feather, I have observed the recoil atoms in an expansion chamber, and their range, estimated visually, was sometimes as much as 3 mm. at N.T.P.

These results, and others I have obtained in the course of the work, are very difficult to explain on the assumption that the radiation from beryllium is a quantum radiation, if energy and momentum are to be conserved in the collisions. The difficulties disappear, however, if it be assumed that the radiation consists of particles of mass 1 and charge 0, or neutrons. The capture of the α-particle by the Be^9 nucleus may be supposed to result in the formation of a C^{12} nucleus and the emission of the neutron. From the energy relations of this process the velocity of the neutron emitted in the forward direction may well be about 3×10^9 cm. per sec. The collisions of this neutron with the atoms through which it passes give rise to the recoil atoms, and the observed energies of the recoil atoms are in fair agreement with this view. Moreover, I have observed that the protons ejected from hydrogen by the radiation emitted in the opposite direction to that of the exciting α-particle appear to have a much smaller range than those ejected by the forward radiation. This again receives a simple explanation on the neutron hypothesis.

If it be supposed that the radiation consists of quanta, then the capture of the α-particle by the Be^9 nucleus will form a C^{13} nucleus. The mass defect of C^{13} is known with sufficient accuracy to show that the energy of the quantum emitted in this process cannot be greater than about 14×10^6 volts. It is difficult to make such a quantum responsible for the effects observed.

It is to be expected that many of the effects of a neutron in passing through matter should resemble those of a quantum of high energy, and it is not easy to reach the final decision between the two hypotheses. Up to the present, all the evidence is in favour of the neutron, while the quantum hypothesis can only be upheld if the conservation of energy and momentum be relinquished at some point.

J. CHADWICK.

Cavendish Laboratory,
Cambridge, Feb. 17.

The Oldoway Human Skeleton

A LETTER appeared in NATURE of Oct. 24, 1931, signed by Messrs. Leakey, Hopwood, and Reck, in which, among other conclusions, it is stated that "there is no possible doubt that the human skeleton came from Bed No. 2 and not from Bed No. 4". This must be taken to mean that the skeleton is to be considered as a natural deposit in Bed No. 2, which is overlaid by the later beds Nos. 3 and 4, and that all consideration of human interment is ruled out.

If this be true, it is a most unusual occurrence. The skeleton, which is of modern type, with filed teeth, was found completely articulated down even to the phalanges, and in a position of extraordinary contraction. Complete mammalian skeletons of any age are, as field palæontologists know, of great rarity. When they occur, their perfection can usually be explained as the result of sudden death and immediate covering by volcanic dust. Many of the more or less perfect skeletons which may be seen in museums have been rearticulated from bones found somewhat scattered as the result of death from floods, or in the neighbourhood of drying water-holes. We know of no case of a perfect articulated skeleton being found in company with such broken and scattered remains as appear to be abundant at Oldoway. Either the skeletons are all complete, as in the *Stenomylus* quarry at Sioux City, Nebraska, or are all scattered and broken in various degrees, as in ordinary bone beds. The probability, therefore, that the Oldoway skeleton represents an artificial burial is thus one that will occur to palæontologists.

The skeleton was exhumed in 1913, and published photographs show that the excavation made for its disinterment was extensive. It is, therefore, very difficult to believe that in 1931 there can be reliable evidence left at the site as to the conditions under which it was deposited. If naturally deposited in Bed No. 2, the skeleton is of the highest possible importance, because it would be of pre-Mousterian age, and would be in the company of *Pithecanthropus* and the Piltdown, Heidelberg, and Peking men, all of whose remains are fragmentary to the last degree. Of the few other human remains for which such antiquity is claimed, the Galley Hill skeleton and the Ipswich skeleton are, or apparently were, complete. The first of these was never seen *in situ* by any trained observer, and the latter has, we believe, been withdrawn by its discoverer. The other fragments, found long ago, are entirely without satisfactory evidence as to their mode of occurrence.

No. 3252, VOL. 129]

図1-8 ノーベル賞につながったチャドウィックのわずか半頁の論文(『ネイチャー』1932年2月27日号より)

たわけであるが、この点について後年、夫のフレデリックはこう回想している。

「中性子という言葉はすでに、天才的なラザフォードによって、一九二三年、ある講演の中で、仮説的な存在である電気的に中性で陽子と組んで核を構成する粒子を指すのに用いられた。この仮説は我々自身をも含めて大部分の物理学者から見おとされた。それはまだ、チャドウィックの働いていたカヴェンディッシュ実験所の空気の中に漂っている段階だった。中性子の発見の終止符がこの実験所の中で打たれたのは当然かつ正当なことである。長年の伝統を持つ古い実験所はこのようにかくれた財宝を持っている」(ウージェニィ・コットン『キュリー家の人々』杉捷夫訳、岩波新書)。

かくして、電子と原子核の部品である陽子、中性子のすべてがキャヴェンディッシュ研究所で発見され、原子の構成要素が出そろったのである。

なお、余談になるが、中性子をつかまえそこなったジョリオ＝キュリー夫妻は一九三四年、人工放射性元素の生成に成功、その翌年、ノーベル化学賞を贈られ、親子二代のノーベル賞科学者となった。そして、『ネイチャー』に掲載された彼らの論文もわずか一頁の短いものであった。

湯川秀樹と中間子

科学の面白いところは、一つの問題が解決すると、そこから次の新たな謎が出てくるところにあるといえる。陽子と中性子(両者をまとめて核子と呼ぶ)が発見され、原子核の構成要素が出そろうと、では核子を狭い原子核(そのサイズは約10^{-15}メートル)の中に固く結合させ、閉じ込めているのは、どのような力が働いているからなのかという問題が必然的に生じてきたのである。

陽子は正電荷をもっているので、互いに電気的な反発力を作用し合う。中性子には電気的な力は働かない。そうなると、陽子間の反発力に打ちかつ引力が必要になる。

陽子も中性子も素粒子としては大きな質量をもつので、それに起因する重力が引力の候補として考えられる。しかし、電気力に比べ重力はあまりにも弱すぎ、役に立たない。たとえば、陽子間に働く重力の強さを1とすると、電気力はその約10^{40}倍にもなるからである。綱引きになぞらえると、一人(重力)と10^{40}人(電気力)が引っ張り合いをしていることに相当する。地球上の人間をすべて集めても10^{10}人に満たないのであるから、電気的な反発力に対し重力による引力は事実上ゼロに等しい。

従って、電気的な反発力を打ち消して核子を結合させている新しい力(これを核力という)の導入が迫られていた。

こうした状況の中、一九三五年、湯川は日本数学物理学会の雑誌に「素粒子の相互作用についてI」と題する論文を発表した(図1-9)。

核力の特徴は核内では電気的な力をはるかに上まわるほど強いものの、一歩、核の外に出ると途端に消失してしまうという性質にある。つまり、その勢力範囲は核の内側(約10^{-15}メートル)だけに限られ、遠くまでは及ばない近距離力ということになる。人間にたとえると〝内弁慶〟といえる。

これに対し、電気的な力は距離の二乗に反比例しながら減衰してはいくが、その作用は無限遠方まで届く遠距離力である。こうした遠近の本質的な違いが、核力解明の鍵となった。

ところで、一九世紀に入ると、電流の磁気作用(一八二〇年、エールステッド)や電磁誘導(一八三一年、ファラデー)などの発見により、電気と磁気は独立な作用ではなく、互いに相関をもち、相手を誘発することが明らかにされてきた。つまり、電磁気として一つにまとめられるわけであり、一九世紀後半、マクスウェルにより両者を統一した電磁気学の理論が体系化された。そして、マクスウェルはそこから、電場(電気的な力が働く空間)と磁場(磁気的な力が働く空間)が振動面を直交させながら波となって、真空中を光速で伝わることを導き出した。これが電磁波に他ならない。

8×23 = 184
12×31 = 372

Yukawa Hall Archival Library
Research Institute for Fundamental Physics
Kyoto University, Kyoto 606, Japan

E01100P01

DEPARTMENT OF PHYSICS
OSAKA IMPERIAL UNIVERSITY.

DATE Nov. 1, 1934
NO. 1

On the Interaction of
Elementary Particles. I.
By Hideki Yukawa

§1. Introduction

At the present stage of the quantum theory little is known about the nature of interaction between elementary particles. For example, the interaction force acting between a neutron and a proton (we are not sure whether it is) an ordinary attraction force or an "exchange interaction" (Platzwechsel) first proposed by Heisenberg. Recently Fermi has treated the problem of β-ray disintegration on the hypothesis of the existence of "neutrino". According to this theory a neutron and a proton can interact by emitting and absorbing a neutrino and an electron. Unfortunately the energy of interaction calculated on this such assumption is much too small to account for the binding of neutron and protons in the nucleus. To remove this defect we can (must) modify the theory of Heisenberg or Fermi in the following way.

The transition of a heavy particle from a neutron state to a proton state is not always accompanied

E. Fermi, Zeits. f. Phys. 88, 161 (1934).

図1-9　湯川の論文の草稿(U. ラーション編『ノーベル賞の百年』改訂第2版, 津金-レイニウス・豊子, 佐藤文隆訳, ユニバーサル・アカデミー・プレスより)

さて、電磁場に電子や陽子などの荷電粒子を置けば力の作用を受けるわけであるが、ここで再び、量子力学特有の「粒子と波の二重性」が顔を出す。電磁波の粒子性に注目すると、それは光子として振る舞う。そこから、電磁気力の作用を荷電粒子の間で光子がやり取りされる現象に置き換えられる(こうした解釈の仕方を「場の量子論」という)。たとえてみれば、二人の人間がキャッチボールをしているようなものである。

このとき、ボールが軽いほど、二人の距離が長くなってもキャッチボールは可能になる。その点、光子は質量がゼロであるから、キャッチボールが可能な距離、つまり、電磁気力の到達距離は無限大になるわけである。

そこで、当時、核子の間で電子とニュートリノの対(ペア)がやり取りされることで核力を説明しようとする試みがなされたが、うまくいかなかった。既存の粒子を〝ボール役〟に見立てても、ダメなのである。そうなると、勇気をもって大胆に未知の新粒子を導入する必要が出てくる。それに挑んだのが湯川である。

さきほど述べたように、核力は到達距離が核内に限られ、きわめて短い(約10^{-15}メートル)。ということは、核子が交換し合う〝ボール〟はそれなりに重いと予想される。

そうした前提のもと、湯川は核力の特徴を反映するポテンシャル(位置エネルギー)の式を仮定し、それを用いて量子力学の波動方程式を計算した結果、核力を伝達する新粒子の質量は電子のおよそ二〇〇倍と算定した。この値は電子と陽子の中間に当たることから、後に中間子と呼ばれるようになる(現在はパイ中間子と呼ばれている)。

しかし、ここでまた、一つ疑問が湧いてくる。原子核は陽子と中性子の二種類だけで構成されており、そこに初めから中間子が組み込まれていたわけではない。だとすると、核子がキャッチボールに使う中間子は、いったいどこから現れたのであろうか。

ここで、効力を発揮するのが、前述したハイゼンベルクの不確定性原理である。マクロの世界では見られない奇妙な話であるが、それに従うと、素粒子の世界では、ある現象を観測した場合、次のような不思議な出来事が起きる。

今、中間子が核子の間を移動するきわめて短い時間をΔtとすると、この時間内に限れば、核子にかかわるエネルギーには$h/\Delta t$程度のあいまいさが生じるというのが不確定性原理の語るところになる。ここで、中間子の質量をmと置くと、アインシュタインの有名な式から、それに対応する中間子のエネルギーは$E=mc^2$と書ける(cは光速)。

そこで、mc^2が$h/\Delta t$程度のあいまいさの中に収まれば、中間子を生み出すエネルギー源が定まらなくとも、不確定性原理の枠内でmc^2のエネルギーが自然と捻出できるというわけである。

さて、中間子の速度は光速を超えられないので、Δtの時間に走れる距離は$c\cdot\Delta t$が上限に

湯川博士にノーベル賞
日本人で最初の栄誉
【ストックホルム三日発ＵＰ＝共同】スウェーデン科学学士院は三日、一九四九年度のノーベル物理学賞を日本の湯川秀樹教授に授与した。日本人がノーベル賞を授与されたのは今回が最初である
世界に輝く「中間子論」
現に渡米中　兄弟そろって学者
湯川秀樹博士
賞金三万ドル
物理学界の誇り　仁科博士談

図1-10　湯川のノーベル賞受賞を報じる（『朝日新聞』1949年11月4日）

なる。この値として、核力の到達距離と目される約10^{-15}メートルを使って計算すると、中間子の質量は電子のおよそ二〇〇倍となったのである。

新粒子を予言して核力の説明に成功した湯川は一九四九年、日本人として初めてノーベル賞を受賞した(図1-10。このニュースを報じる『朝日新聞』は裏表わずか二頁しかなかった。物資がまだ乏しく、紙が不足していた戦後の社会状況がうかがえる)。

なお、核子間で起きる中間子のやり取りのように、不確定性原理の範囲内だけで許される現象を「仮想過程」、そこで生じる粒子を「仮想粒子」という。ヴァーチャルな世界の出来事なのである。つまり、このままでは、中間子を直接捉えることはできない。では、どうすればよいのか。

　仮想過程の中から、現実の存在として中間子を引きずり出すには、少なくとも中間子の質量mに相当するエネルギーE（$=mc^2$）を外から投入しなければならない。具体的には、たとえば、加速器を使って十分高エネルギーに加速した陽子同士を衝突させてやればよい。このとき、陽子の運動エネルギーが仮想粒子の引きはがしに使われ（言葉を換えればその質量に転換され）、中間子が姿を現すことになる（図1-11）。

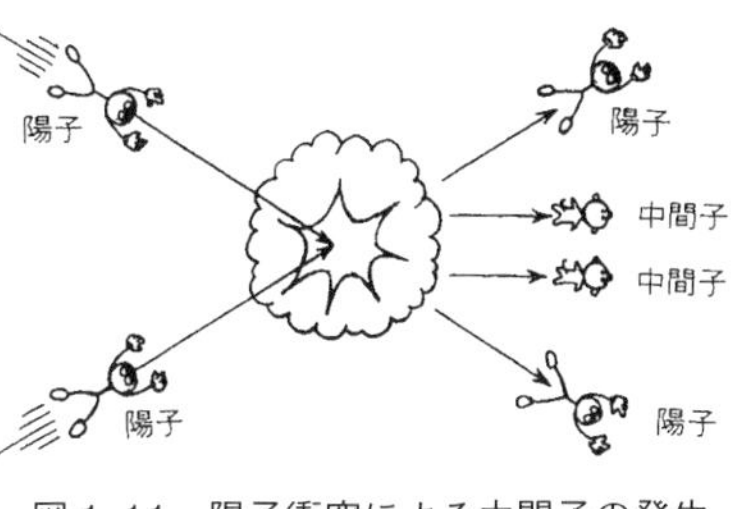

図1-11　陽子衝突による中間子の発生
（小山慶太『物理学の広場』丸善出版より）

　ただ、当時、それだけの高エネルギーをつくり出す加速器はまだ存在しなかったが、一九三七年、アンダーソンとネッダーマイヤーが宇宙線（宇宙から飛来する高エネルギーの放射線）の観測の中で、質量が電子よりも重い荷電粒子を発見した。湯川が予言したパイ中間子かと注目されたが、やがて、それは別の新粒子（ミューオンと呼ばれるようになる）であることが判明した。

　一九四七年、探し求めるパイ中間子をやはり宇宙線の中で初めて捉えたのは、パウエルである（図1-12）。パウエ

図 1-12　パウエル(『ノーベル賞講演　物理学 7』講談社より)

ルは粒子の飛跡を鮮明に記録できる写真乳剤を開発しており、それが観測成功の決め手となった。彼が撮影した写真には、パイ中間子が崩壊してミューオンに変換される過程も写し出されていた。この業績でパウエルは湯川につづき、一九五〇年、ノーベル物理学賞を受賞した。

増加する素粒子の種類

さて、素粒子が原子を構成する電子、陽子、中性子の三種類に加え、せいぜい、場の量子論にもとづく光子(電磁気力を伝える粒子)の計四つで収まっていれば、話はずいぶんと簡単であった。

かつて、万学の祖と称された古代ギリシアの哲学者アリストテレスは地上にある万物は四つの元素(土、水、空気、火)に還元され、それらの配合の割合に応じて物質の多様性が現れると考えた。これ自体はもちろん正しくはなかったが、すべての物質にそれを構成する共通の要素が存在し、その数はわずか四つにすぎないとする自然を単純化した捉え方は、なかなか卓見であった。科学的には間違いであるものの、それは要素還元論の本質を突いている。

一九三〇年代から四〇年代にかけて素粒子の種類が光子を仲間に入れても、高々（たかだか）四つしかなかった状況はこうした要素還元論のルーツに通じるものがある。しかし、事はそう単純ではなかった。中間子をきっかけに、相次いで新粒子が発見され始めたからである。

こうした変革期の到来を湯川は後に、「素粒子論研究の思い出」の中でこう回想している。

「一九四〇年代の終わりごろには、中間子は一段落に達した。しかし、この時にはすでに素粒子論の新しい時代がはじまりつつあった。パイ中間子とミュー中間子の存在が実証された同じ一九四七年は、宇宙線中に予想外の粒子が発見された年でもあった。その性格の研究が進むにしたがって、新粒子の中にはパイやミューより重い中間子が何種類かまじっておること、核子よりも重い、いわゆる重核子(hyperon)も存在すること、それらの新粒子は短時間の間に結局既知の粒子に崩壊してしまうことなどがわかってきた」(『日本の物理学史上』東海大学出版会、一九七八年)。

この流れは一九五〇年代に入り、加速器の大型化(高エネルギー化)が進むとさらに加速されることになる。宇宙線に頼らずとも、人工的に粒子を発生させることが可能になってきたからである。

そもそも、加速器が開発されるきっかけは陽子の発見につながったラザフォードによる原子核の破壊実験であった。このとき、破壊に使われた〝弾丸〟はラジウムから出るアルファ線である。つまり、〝天然もの〟であるので、弾丸の強度やエネルギーを自由に調節することはできず、自然まかせになる。また、アルファ線は2価の正イオン(ヘリウムの核)であるため、陽子(1価の正イオン)に比べ、標的の原子核から強い電気的な反発力を受ける。その分、核を破壊する能力が低減する。

そこで、一九二〇年代の後半に入るころから、アルファ線に代わって、陽子に電圧をかけて加速し、核反応を引き起こす装置の開発が叫ばれるようになってきた。このとき、先駆的な役割を果たした一人が、カリフォルニア大学バークレー校のローレンスである。

一九三〇年、ローレンスがその目的でつくった試作品は掌(てのひら)サイズの小型のものであった。半円形電極を二個、向き合わせて円形にし、それを磁場の中に置き、磁場に垂直に交流電場をかけると、陽子は加速されながら、磁場によって曲げられ、円軌道を描くことになる。その結果、陽子は徐々にエネルギーを上げていく。円軌道をまわりつづけることから、この装置は「サイクロトロン」と呼ばれた。

試作品による陽子の加速エネルギーは八万電子ボルト(eV)にすぎなかったが、その後、大

図 1-13　完成した60インチのサイクロトロンを背景に記念撮影．前列左から２人めがローレンス．サイクロトロンの上にいるのは，左がアルヴァレズ(1968年ノーベル物理学賞)，右がマクミラン(1951年ノーベル化学賞)(U. ラーショーン編，前掲書より)

型化が進み、一九三〇年代の後半には一〇〇万eVのエネルギーを達成している(eVとは一ボルトの電圧で電子を加速したとき得られるエネルギーの単位)。ただし、大型化が進むといっても、図1-13に示すようにまだ室内に収まるサイズであった。

また、加速器の目的も原子核を破壊し、人工的に放射性元素をつくり出すことにあった(この研究でローレンスは一九三九年、ノーベル物理学賞を受けている)。

加速器で素粒子がつくり出せるようになったのは、一九四八年のことになる。一億eVまでエネルギーを上げたカルフォルニア大学の装置の中で、宇宙線観測に頼らず、パイ中間子が検出されるようになったのである。

このあたりを機に、加速器は素粒子実験の主力として注目され、よりミクロな対象を探求するため、いっそうの巨大化が進められていく(そして、その延長線上に、ヒッグス粒子を発生させたCERN(セルン)の一兆eV規模の陽子衝突装置LHCが建造されるのである)。

それに伴って一九五〇年代に入ると新粒子が次々と発見され、湯川が回想したように、その種類はもはやかぞえ切れないくらいに増加してしまった。そうなると、それらをすべて〝素粒子〟と考えるのは、どこか不自然となってきた。多種多様な素粒子はすべて、より基本的な共通の構成要素――つまり、真の意味の素粒子――に還元されるのではないかとみなされ、それを模索する理論が提唱され始めたのである。

クォークモデル

こうした潮流の中、一九六四年、ゲル-マンが発表したのが「クォークモデル」である(図1-14)。それは陽子、中性子、中間子など(これらを総称して「ハドロン」と呼ぶ)は、「クォーク」というより基本的な粒子から構成されているとする説である。つまり、物質の階層構造がさらに一段下がったことになる。その結果、原子の構成要素として発見された陽子も中性子も、もはや〝素粒子〟の地位から転落することになる。

今、名前が出たハドロンとは、核力が作用する粒子のことである(ただし、ハドロンからクォークへ要素還元されたことにより、その力はより基本的な「強い相互作用」と呼ばれ、粒子を結合させる源とみなされるようになる)。そして、ゲルーマンはクォークが三種類存在すると仮定すれば、すべてのハドロンに関する実験結果が説明できると考えたのである。

ゲルーマンの理論は一九六七年、スタンフォード線形加速器センターのフリードマン、ケンドール、テイラーによる実験によって実証された(図1-15)。彼らは高エネルギーに加速した電子ビームを陽子に撃ち込み、そこで跳ね返される電子のエネルギーと散乱角度のデータから、陽子の中にクォークが潜んでいることを確認したのである(図1-16)。たとえてみれば、柿に串をさすと中心で何か硬い物にぶつかる手応えを感じることから、果肉の中に芯が存在することを知るようなものである。

図1-14　ゲルーマン
(『ノーベル賞講演物理学11』講談社より)

理論を唱えたゲルーマンには一九六九年、実験を行ったスタンフォードのグループには一九九〇

図 1-15　スタンフォード線形加速器センター．手前から向こうに一直線に伸びるのが加速器，中央でそれと交差するのは，高速道路．1960 年代，素粒子実験の装置はすでにここまで巨大化していた（“Nobel Lectures Physics 1981-1990” World Scientific より）

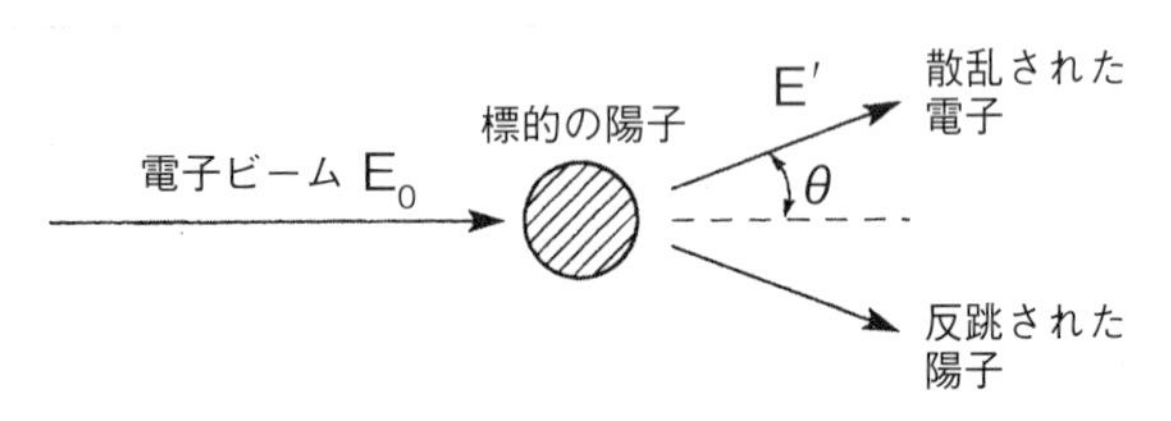

図 1-16　クォークの存在を示す陽子による電子の散乱（“Nobel Lectures Physics 1981-1990” World Scientific をもとに作成）

年、ノーベル物理学賞が贈られている。

ところが、これで一件落着とはならなかった。クォークは三種類だけではなかったのである。

一九七四年、マサチューセッツ工科大学のティンのグループが陽子ビームをベリリウムの核にぶつけ、その反応で発生する電子と陽電子の対(ペア)を観測していたところ、この対生成の頻度が三一億eV付近のエネルギーで切り立つようなピークを示すことを発見した(陽電子とは電荷の符号が正であることを除き、質量などすべての属性が電子と完全に同じ粒子)。このピークは陽子とベリリウム核の衝突により、質量が陽子の三倍強にも達する未知の重い粒子が生成され、それが電子と陽電子に崩壊したことを示していた(図1-17)。

ティンはこれを「J(ジェイ)粒子」と名づけた。

折りしも、時を同じくして、スタンフォード線形加速器センターのリヒターのグループがやはり、三一億eV付近で対生成の頻度が急激に高くなることを見出し、新粒子の存在を確信した。彼らはこれを「Ψ(プサイ)粒子」と呼んだ。

二つのグループが独立に発見した粒子は同一のものであったことから、その名称は両者の貢献を評価して「J/Ψ粒子」に決定された。そして、このJ/Ψ粒子は四番めとなるクォークが結合してつくられる中間子の仲間であることが明らかにされた(ティンとリヒターは一九七六年、ノーベル賞を分け合っている)。

しかし、これでも話は終わらなかった。一九七七年に五番め、一九九四年には

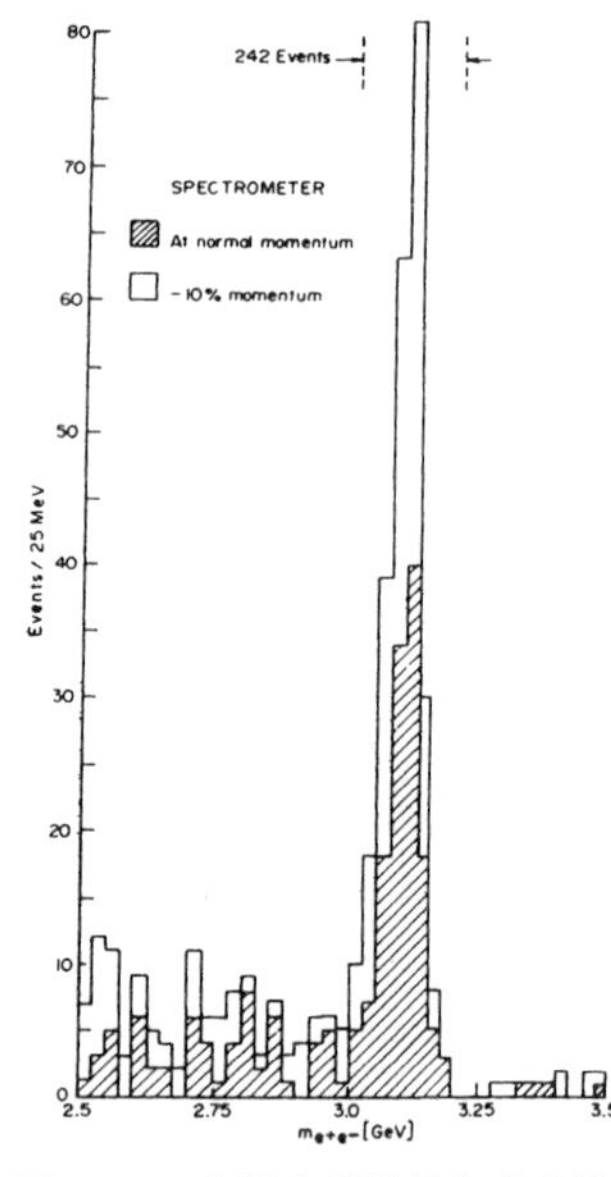

図 1-17 未知の重粒子生成を示すピーク(“Nobel Lectures Physics 1971-1980” World Scientific より)

六番めのクォークが発見されるに至るからである。

対称性の破れ

クォークが六種類までふえる遠因となったのは、一九五〇年代半ば素粒子物理学の世界で大きな問題になっていた「シータ・タウパズル」という奇妙な現象である。

当時、K粒子と呼ばれる中間子の仲間に二つの崩壊過程が知られていた。一つは二個のパ

イ中間子、もう一つは三個のパイ中間子に壊れる過程である。そこから、K粒子には異なる二種類のタイプがあると考えられ、前者をシータ、後者をタウと呼んで区別した。ところが、シータとタウは質量も寿命もスピン(素粒子がもつ角運動量という属性)もすべて同じであった。つまり、瓜二つなのである。

そうであるならば、シータとタウは同一の粒子であり、その崩壊過程に二つのタイプがあるとみなせばよさそうに思われるが、そうはいかなかった。両者が同じものだとすると、「パリティ保存則」という物理学の基本原理が破れてしまうのである。この難問がシータ・タウパズルである。

二〇世紀の半ばまで、あらゆる現象を鏡に映しても、鏡の中で物理法則はそのまま同等に成り立つと考えられていた。実像と鏡像を——言い換えれば、左と右を——区別する手立てはないというわけである。こうした対称性が保証されていることを、パリティ保存則という。

ただし、こう書くと違和感を覚えるかもしれない。私達は日々、左と右をちゃんと区別して生活しているからである。

しかし、それらはすべて物理法則を基準にした区別ではなく、人間が勝手につくったルールや習慣、習性によるものである。たとえば、「車は左、人は右」というのは、日本の交通規則がそうなっているだけで、街の風景を鏡に映し、車が道の右側を走ったからといって、なんら物理法則に抵触するわけではない。車が道のどちら側を走ってもそれは実際に可能な現象であり、事実、右側通行を採用している国はいくらでもある。

このように、日常生活における左右の区別は、ある現象を私達が見慣れているか否かに依存しているにすぎない。物理法則に照らし合わせてみると、いかなる場合でも、実像と鏡像は完全に同等と理解されてきた。その基本原理をK粒子の崩壊に当てはめると、シータ・タウパズルが生じてしまったのである。

一九五六年、これに対し、ヤン(楊)とリー(李)という二人の若手物理学者が画期的な――〝コペルニクス的転回〟とでも形容できるような物理学の常識をひっくり返す――理論を提唱した(図1-18)。それによると、素粒子の崩壊現象では実像と鏡像の区別が可能になり、左右の対称性が破られるというのである。つまり、素粒子を崩壊させる力である「弱い相互作用」が働くとき、パリティは保存しないことになる(二人は早くもその翌年、ノーベル賞を受賞しているが、ヤンは三五歳、リーは三一歳という若さであった)。

このとき、ヤンとリーは自分たちの大胆な理論を検証できる具体的な方法を、実験物理学者に向け提案している。それはコバルト60(^{60}Co)のベータ崩壊を利用するものである。ベータ

図 1-18　リー(左)とヤン(右)(『ノーベル賞講演物理学 8』講談社より)

崩壊とはすでに触れたように、放射性の核が電子(または陽電子)とニュートリノを放出して、別の種類の核に変換される現象である(今の例では、コバルトは電子とニュートリノを出して、ニッケルになる)。

さて、原子核にはさきほど述べたスピンと呼ばれる角運動量が与えられている。これは量子力学で定義される物理量であるが、粒子の自転運動に対応させることができる。フィギュア・スケートの選手が演じるスピンを思い浮かべればよい。

ヤンとリーの理論によると、原子核がベータ崩壊を起こすとき、電子は核の自転方向に対し特定の向きに放出されると予測された。そうなれば、その現象を鏡に映すと、実像と鏡像の区別がつきパリティ保存則は破られることになる(図1-19)。

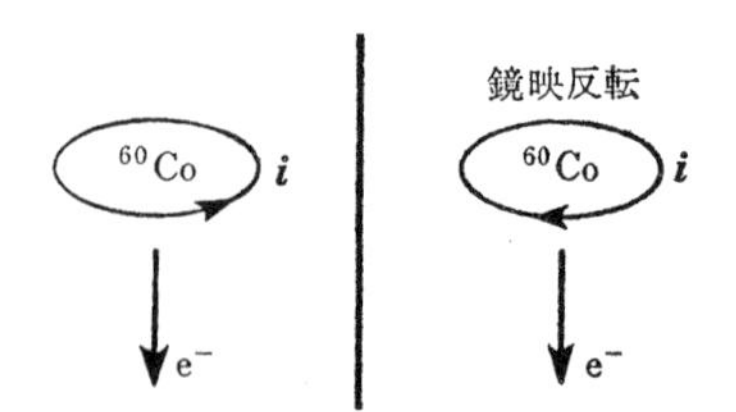

図 1-19　コバルト60のベータ崩壊．核の自転方向(円の矢印)と電子 e^- が放出される向きの関係が実像(左)と鏡像(右)で異なる(『ノーベル賞講演　物理学 8』講談社より)

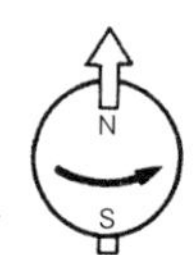

図 1-20　自転する原子核は小さな磁石．矢印がスピンの向き

図 1-21　スピンの向きがそろった原子核（図はともに，小山慶太『物理学の広場』丸善出版をもとに作成）

二人の提案を受けて早速、一九五七年、実験を行ったのは、女性物理学者のウー(呉)である。

原子核は正電荷を帯びているので、それが自転をすると回転軸のまわりに円電流が流れることになる(図1-19のiに対応)。円電流は磁石と等価であるから、原子核はミクロな磁石とみなせる。つまり、N極とS極が生じる(図1-20)。このとき、S極からN極に向いた矢印をスピンの向きという)。

そこで、ウーはコバルトを極低温に保ち、原子核の運動を抑えてから磁場をかけた。そうすると、核は小さな磁石なので、スピンの向き(自転軸の方向)がいっせいにそろうことになる(図1-21)。このような準備をして、ベータ崩壊を観測したところ、電子は理論が予測するとおりS極から下向きに優先的に放出されるという結果が得られたのである。

ここに歴史上初めて、左と右を区別する物理現象が発見され、空間の対称性(左右の同等性)が崩されたのである。

それでも、物理学者は対称性という美しさを簡単には諦(あきら)めなかった。そこで、粒子と反粒子の入れ替え(たとえば電子と陽電子の入れ替えのように、電荷(チャージ)の符号を変換)と鏡像反転を同時に行えば、対称性は保たれるのではないかと考えたのである。これを「CP対称性」という(Cはチャージ、Pはパリティ)。これで当初はうまくいきそうに思われたが、一九六四年、クローニンとフィッチがCP変換を施しても対称性が保存されない粒子の崩壊例を発見した(二人はこの業績で一九八〇年、ノーベル賞を受賞する)。どうやら自然は秩序の中にほんの少しだけ、ほころびをしのばせていたようである。

さて、対称性の話がつづいたが、一九七三年、小林と益川は六種類のクォークを考えると

CP対称性の破れが説明できる理論を発表、前節で触れたように一九九四年、実際に六つめのクォークが観測されたのである。

さらに、二一世紀に入ると早々、スタンフォード線形加速器センターと日本の高エネルギー加速器研究機構がB中間子とその反粒子を生成させ、両者の崩壊を観測した結果、CP対称性の破れが益川・小林理論と一致することが実証された。二人は二〇〇八年、ノーベル賞を受賞するが(表1-1)、それにはこのB中間子の実験が大きく貢献したものと思われる。

クォークとレプトン

ここで、今までの話を整理すると、物質の階層構造は「原子→原子核→核子(陽子、中性子)→クォーク」と階段を降りていき、現在のところ、六種類のクォークが物質の最小単位、つまり、真の意味の素粒子とみなされている。

では、素粒子第一号となり、やはり原子の構成要素である電子はどのように位置づけられるのであろうか。

すでに触れたように、クォークは強い相互作用(核力をもう一つ下の階層で捉えた力)によって結合し、核子や中間子をつくっている。これに対し、強い相互作用をしない素粒子のグ

表 1-3　クォークとレプトン

クォーク	アップ (+2/3)	チャーム (+2/3)	トップ (+2/3)
	ダウン (−1/3)	ストレンジ (−1/3)	ボトム (−1/3)
レプトン	電子 (−1)	ミュー粒子 (−1)	タウ粒子 (−1)
	電子ニュートリノ (0)	ミューニュートリノ (0)	タウニュートリノ (0)

※カッコ内は電荷．クォークは分数電荷，ニュートリノは中性

ループがある。これが電子やニュートリノの一群で、「レプトン」（軽い粒子という意味）と呼ばれ、やはり六種類存在する（表1−3）。レプトンはハドロンをつくらないことから内部構造をもたず、その意味で真の素粒子と考えられている。

というわけで、表1−3にまとめた六種類のクォークと六種類のレプトンの計一二の粒子が、万物の素（もと）とみなされることになる。これがアリストテレスの〝四元素説〟の現代版である。

ただし、なぜこの数なのかという理由は謎である。そのように想定すると今のところ、素粒子の諸性質、諸現象の説明がつくということにすぎない。前にも述べたが、科学とは一つの問題が解決すると、そこからさらに深い謎が生じてくるものなのである。それがまた、科学研究の尽きない面白さ、魅力ともいえる。

表 1-4　力を媒介するゲージ粒子

電磁気力	光子	遠距離力
弱い相互作用	ウィークボソン (Z 粒子，W 粒子)	近距離力
強い相互作用	グルーオン	近距離力
重力	グラビトン	遠距離力

※ただし，グラビトンは発見されていない．

朝永振一郎と量子電磁力学

ところで、素粒子の種類は万物の素だけではない。クォークとレプトンに働き、森羅万象を生起させる力を媒介する役目の粒子——これを「ゲージ粒子」という——の一群が他に存在するのである。それらをまとめると、表1‐4のようになる。

この中で、電磁気力は荷電粒子が光子をキャッチボールすることによって働く力であることはすでに説明したとおりであるが、他の力に話を移す前に、朝永振一郎が湯川についでノーベル物理学賞(一九六五年)を贈られた量子電磁力学の研究について簡単に触れておこう(図1‐22)。

電子はキャッチボールをする相手がおらず単独で存在していても、放出した光子を——受け手がいないので——再び自分で吸収するという過程を延々と繰り返すのである(子どもが一人でボールを投げ上げ、グローブで受け取る動作をつづける光景を連想すればよいかもしれない）。その結果、電子は自分が周囲につくった電磁場と相互作用をすることになる。ただし、ここで電子が光子を放出、吸収するのは、例によって不確定性原理のもとでのみ許される仮想過程である。たとえてみれば、電子は絶えず生まれては消えるを繰り返す仮想光子の〝雲〟に包まれたような状態にある。こうした仮想光子の雲が電子の属性に影響を及ぼすのである。

朝永振一郎氏にノーベル賞（物理学）

量子電気力学で業績

米二学者と共同受賞

湯川博士と対照的学風

京都の湯川博士と電話で語り合う朝永博士

図 1-22　朝永のノーベル賞を報じる（『朝日新聞』1965 年 10 月 22 日）

一九四七年、ラムは水素原子が出す光のスペクトル（波長）が量子力学にもとづいて計算される値とわずかに食い違うことを発見した。光のスペクトルは原子核のまわりを回転する電子のエネルギー値によって決まるので、ラムの観測は電子になんらかの〝異変〟が起きていることを示唆していた。

同じ年、電子の磁気モーメント（電子の自転［スピン］によって発生する磁気を表す量）

にも理論値と一致しない事実がクッシュの測定によって見出されていた(ラムとクッシュは一九五五年、ノーベル物理学賞を受けた)。

ラムやクッシュの論文が報告されたころ、彼らの実験結果を説明するために今述べた電子が自分のつくる電磁場から受ける影響を考慮して計算を行うと、なぜか電子の電荷と質量が無限大となってしまうことが知られていた。もちろん、こんなおかしな事態が現実に起こるはずはない。この無限大を回避する手法となる量子電磁気学の基礎を築いた一人が、朝永であった(同じ業績でファインマンとシュウィンガーが朝永と一緒にノーベル賞を受賞している)。

朝永は計算では無限大になってしまう電子の電荷と質量をひとまず有限の実験値で置き換え、自らが提唱していた超多時間理論と呼ばれる方法を用いると、ラムとクッシュの実験データときわめて高い精度で一致する計算結果が得られることを示したのである(ここで、超多時間理論とは前に触れた場の量子論に相対性理論の効果を組み込んだものである)。

電子の電荷と質量を実験値で置き換えるという操作自体は計算上のテクニックといえるであろうが、この点について、一九六五年のノーベル賞授賞式で挨拶を行ったヴァルレル(スウェーデン王立科学アカデミー)は次のように述べている。

「「量子電磁力学の中にはどれだけ多くの真実があるか？」という質問に答えるには、まずこの理論が実験的な結果を説明することに異常な成功をおさめたことをあげることができます」と指摘し、具体例としてラムとクッシュの実験と理論が一〇〇万分の一以内の誤差で一致すると紹介している。そして、「量子電磁力学は、現在ある物理理論の中で最も精密なものの一つ」と語り、素粒子物理学だけでなく、物性、原子核、統計力学においても重要な理論形成となったとして、朝永らの業績を称えたのである（『ノーベル賞講演　物理学10』講談社）。

ウィークボソンの発見

それではこの辺で、力を媒介する他のゲージ粒子に話を移そう。

現在、自然界の基本的な力として表1-4にあげた四つが知られている。この中で最初にその法則が発見されたのは、ニュートンによる重力である。ニュートンは月や惑星の運動もリンゴの落下や汐の満干もすべて同じ重力の作用で説明できることを『プリンキピア』（一六八七年）の中で証明し、天上界（宇宙）と地上界（私達が住む世界）における〝力の統一〟をはかったのである。

一九世紀に入ると、それまでは別々の現象と思われていた電気と磁気の間に強い相関があることを示す実験事実(電流の磁気作用や電磁誘導など)が蓄積され、それにもとづいて一八六五年、マクスウェルが両者を電磁気力として統一して扱う理論を発表している。

このように、物理学は一見、異なって見える作用や現象を個別に扱うのではなく、それらを統一して記述することをめざしてきたといえる。そこには、自然に潜む真理には単純、簡潔な美しさがあるとする思いが見て取れる。

一九六〇年の初め、こうした物理学の歴史を反映し、電磁気力と弱い相互作用の統一を模索したのがグラショーである。それにしても前者は無限遠方まで届く遠距離力、後者は素粒子の内部でしか働かない超近距離力である。これほど対照的な二つの力がどうして一つにくくられるというのであろうか。

ここで話は一気に、約一三八億年前の宇宙創世期まで遡る。誕生直後の宇宙はケシ粒ほどの大きさもない超高密度、超高エネルギーの世界であった。そこではまだ、宇宙を支配する力はたった一つしか存在しなかったと考えられている。ところが、ビッグバンを起こした宇宙が膨張するにつれ、エネルギーの密度(温度)が下がっていくと、力が分岐し始める。最初に重力が、つづいて強い相互作用が、そして最後に弱い相互作用と電磁気力が分かれ、ビッグバンからおよそ10^{-10}秒後には、今あるようなまったく異なる四つの力になってしまったというわけである。

そうだとすると、宇宙のエネルギー密度の低下に伴い、弱い相互作用と電磁気力のゲージ粒子も元々は一つであったものが、二つに分かれてしまったとグラショーは考えた。すでに述べたように、電磁気力は無限遠方まで達するので、そのゲージ粒子である光子の質量はゼロであった。これに対し、超近距離である弱い相互作用のゲージ粒子はその分重くなると推測される。この粒子は「ウィークボソン」と名づけられた。

グラショーの理論を受けて一九六七年、ウィークボソンの質量を計算したのが、ワインバーグとサラムである。二人が算出した結果によると、ウィークボソンはなんと陽子のおよそ一〇〇倍にもなる質量をもつ、超重量級の粒子であった。光子の質量はゼロ、一方、ウィークボソンは素粒子としては化物（ばけもの）のような巨大さになる。

その二つが、かつては同じ一つのゲージ粒子であったといわれてもにわかには信じがたいが、初期宇宙の超高エネルギー状態の中では、ウィークボソンもまだ質量がゼロであり、光子と同化して自由に光速で飛びまわっていたのである。つまり、この段階まで遡れば、弱い相互作用と電磁気力は統一されることになる。この業績でグラショー、ワインバーグ、サラ

図1-23　ワイングラスを手にノーベル賞受賞を喜ぶルビア(左)とファン・デル・メーア(U. ラーション編，前掲書より)

ムの三人は一九七九年、ノーベル賞を受けた。

それから四年後の一九八三年、ルビアとファン・デル・メーアが率いるCERN(セルン)の実験グループにより、ウィークボソンは発見された(それは中性のZ粒子と正負の電荷をもつW粒子の三種である)。彼らはリング内で反対方向に加速した陽子と反陽子を正面衝突させ、初期宇宙に匹敵する六〇〇億eVという超高エネルギーをつくり出し、ウィークボソンを発生させることに成功したのである(反陽子とは負電荷をもつ陽子の反粒子。これを一九五五年に発見したセグレとチェンバレンは一九五九年、ノーベル物理学賞を受けている)。

もうお分かりのことと思うが、弱い相互作用を司(つかさど)るウィークボソンも不確定性原理のもとに潜む仮想粒子であった。それがCERNの加速器の中で必要なエネルギーを投入されたことにより、瞬間的に現実の粒子となって姿を現し、すぐに消えていったのである。

ルビアとファン・デル・メーアには早くもその翌年(一九八四年)、ノーベル物理学賞が贈られている(図1-23)。

クォークとグルーオンの奇妙な振る舞い

では次に、クォーク同士を結びつけ陽子や中性子などのハドロンを形成する強い相互作用を見てみよう。この力を媒介する粒子はグルーオンと呼ばれているが、その属性には実に奇妙な特徴がある。

何度も述べてきたように、場の量子論に従えば、力の到達距離はそれを伝えるゲージ粒子の質量に反比例する。光子の質量がゼロであるのに対し、ウィークボソンが超重量級であったのはその現れである。従って、高々ハドロンの内部だけにしか届かない強い相互作用を担うグルーオンの質量はかなり大きいと予想したくなるが、あにはからんや、これがゼロなのである。つまり、この点に関していえば、グルーオンは遠距離力を担う光子と同じになる。

もう一つ、不思議なことがある。重力にしても電磁気力にしても、力を作用し合う物体が遠ざかるにつれ弱くなる。ところが、強い相互作用はそれと逆で、クォーク間の距離が広がるほど――とはいっても、ハドロンの内部に限られるが――強(つよ)まるのである。その分、クォーク同士の結合は固くなる。ゲルーマンのクォークモデルを検証したフリードマンの実験についてはすでに触れたが(図1-16)、陽子による電子の散乱データからクォークはハドロンの中で自由に動きまわっている様子が示された。これはクォーク同士が近接しているときは結合が弱いことを意味している。

こうしたグルーオンの性質は、トレーニング用器具のエキスパンダーを、二人の人間が引っぱり合ったときの張力にたとえれば分かりやすいかもしれない。エキスパンダーがたるむくらい二人が近づいていれば張力は働かず、二人とも自由に動きまわれる。しかし、両者の間隔があき、エキスパンダーが伸びるにつれ張力は大きくなり、二人は強く引き寄せ合うことになる。

エキスパンダーの場合、その耐えられる限界を超える力で引っぱり合えばひもは切れ、そこで相互作用は終わりとなるが、クォークの世界ではひもが切れた瞬間、その先端に新しいクォーク(あるいは反クォーク)が突如として現れ、ハドロンがつくられてしまう。

というわけで、どんなにエネルギーを投入しても、クォークとグルーオンはハドロンの中から決して外へは出てこない。単独に〝裸〟の姿で彼らを捉えることはできないのである。

近寄れば近寄るほどクォークの動きは自由になることから、強い相互作用独特の特徴を漸近的自由性と呼ぶ。一九七三年、これに関する理論を構築し、その後、加速器を用いて行われたクォークの実験結果を高い精度で説明することに成功したグロス、ポリツァー、ウィルチェックの三人は二〇〇四年、ノーベル物理学賞を受賞した。

彼らの理論によって、強い相互作用が漸近的自由性を示すことは記述できたものの、グルーオンのひもが切断されるメカニズムには、まだ謎が残されている。繰り返しになるが、一つの問題の解決は新たな謎の源泉となるのである。

なお、謎といえば、重力を媒介するゲージ粒子はグラビトンと呼ばれるが、便宜的に名前がつけられただけで、その存在は確認されていない。理論的にも重力は量子力学と相性が悪く、重力をそこに組み込むこと自体が難題となっているのである。重力はニュートンによって最初に発見されたお馴染みの力でありながら、二一世紀の今日、素粒子の標準理論から一人、ぽつんと取り残されているところに、なにやら歴史の面白さと今後の課題の重要性が感じられる。

新たな謎、暗黒物質と暗黒エネルギー

以上見てきたように、素粒子の標準理論の枠組みでは、六種類のクォークと六種類のレプ

トン(表1-3)、グラビトンを除く四種類のゲージ粒子(光子、Z粒子、W粒子、グルーオン。表1-4)、そして質量の源とされるヒッグス粒子の計一七種類がひとまずは、宇宙を構成する〝オールキャスト〟ということになる。

ひとまずはと断わったのは、訳がある。一九世紀末、J・J・トムソンによる電子の発見から今日までわずか一世紀余の間に、素粒子の研究はノーベル物理学賞のメインストリームを形成しながら、ここまで著しい発展を遂げてきたことは間違いない。しかし、当然の話ながら、自然に関する人間の知識と理解にはいつの時代にも限りがある。現代とて、もちろんそれは例外ではない。

とりわけそうした思いをあらためて強く抱かせるのは、最近、注目を集めている「暗黒(ダーク)物質(マター)」と「暗黒(ダーク)エネルギー」の存在である。この二つ、正体が不明なことから、どちらも〝暗黒〟という呼び名がつけられているが、まったく別の実体と考えられている。しかも、宇宙全体のエネルギーのうち、両者が占める割合が実におよそ九六%に達するというのであるから驚かされる。

つまり、私達が知っている〝普通の物質〟はわずか四%にすぎないことになる。ここでいう普通の物質とは星や星間物質など原子で構成されるものを指す。そして、原子は素粒子の

図 1-24　ノーベル物理学賞と化学賞のメダル．表はノーベルのレリーフ．裏は自然を表す豊穣の女神の顔をおおうベールを科学の女神が持ち上げている（U. ラーショーン編，前掲書より）

標準理論にまとめられているクォークやレプトンをもとに形づくられ、それらの粒子はゲージ粒子が伝える力の支配を受けていることは、すでに論じたとおりである。

ということは、要するに、物理学がめざましい進歩を遂げたと威張ったところで、二一世紀を迎えるまで私達はたった四％にしか過ぎなかった物質だけで宇宙を捉え、すべてを理解しようとしていたのであり、そうした事実すら知らなかったことになる。

そうなると、二つの〝暗黒〟の正体解明が進めば、万物の素についての認識にも新たな知見がつけ加えられ、標準理論そのものに修正が加えられることが予想される。歴史を振り返れば分かるように、科学はそうやって一歩ずつ変革を積み重ねながら進歩してきたのである。

ノーベル物理学賞と化学賞の受賞者に贈られるメダルの裏面には、科学の女神が自然を象徴する豊穣の女神のベールを持ち上げ、顔を見つめている姿が刻まれている(図1-24)。それは科学という人間の知的営みと努力が少しずつ、ベールにおおわれた自然の真理をつかみ取る様子を映し出しているかのように見える。

暗黒物質も暗黒エネルギーも今はベールの向こう側にあるが、これからのノーベル賞にはベールが少しずつ持ち上げられていく過程が映し出されていくことであろう。

2章　ノーベル賞が描く〝超〟と〝極〟の世界

歴史をつくった一通の手紙

一九九五年、世界の物理学界に激震が走った。アインシュタインが一九二五年に残した〝宿題〟が七〇年の時間を経て、ついに解かれたからである。宿題のテーマは、極低温状態で生じる「ボース・アインシュタイン凝縮」と呼ばれる不思議な相転移(そうてんい)現象であり、その実験に成功したのはコーネル、ケターレ、ウィーマンの三人である(彼らは二〇〇一年、ノーベル物理学賞に輝いた)。

この現象の説明は少し待っていただくことにして、まずはアインシュタインと並んでそこに名前を冠せられたボースなる人物の紹介から話を始めよう。

一九二四年、アインシュタインのもとへダッカ大学(インド)のボースという若い物理学者から手紙を添えて、「プランクの放射法則と光量子仮説」と題する論文の原稿が送られてきた。手紙によると、ボースはこの論文をイギリスの伝統ある科学雑誌『フィロソフィカル・マガジン』に投稿したものの、掲載を拒否されてしまった。しかし、自分の研究によほど自信があったのであろう、諦めきれなかったボースは〝清水(きよみず)の舞台〟から飛び降りる思いでアインシュタインに手紙を送り、こう訴えたのである(引用文にあるプランクの放射法則については後述する)。

「私はプランクのように古典電気力学に依ることなく、彼の放射法則を導き出す試みをしました。そこで、これについてあなたの御意見を是非ともうかがいたいのです。私には論文を翻訳できるほどのドイツ語の知識はありません。ついては、もし出版に値するとお考えでしたら、その労をお取りいただき、『ツァイトシュリフト・フュア・フィジーク』に掲載されるようお願いできないでしょうか。あなたにとって私は一面識もない人間ですが、それでも、私はこうしたお願いをするのに、敢えて躊躇は致しません。論文を通し、あなたの教えを受けられただけで、私はあなたの門下生だと思うからです」(小山慶太「科学の歴史を変えた一通の手紙――ボースとアインシュタイン」『科学』二〇一五年八月号より)。

いささか独り善がりな、厚かましい印象を受けないでもない手紙であるが、文面からは、会ったこともない大物理学者に向け、勇を鼓して心情を綴った若者の一途な必死さが伝わってくる。イギリスの一流誌に門前払いをくわされた無念さを胸に、ボースはアインシュタインの決断に一縷の望みを託したのである。

果たして、ボースの原稿を読んだアインシュタインはその独創性の高さに驚き、異国の無名の若者の論文を自らドイツ語に訳して、ドイツの名門誌に推薦したのである。かくして、ボースの願いはかない、論文は一九二四年、『ツァイトシュリフト・フュア・フィジーク』に掲載された(図2-1。なお、論文の末尾には、「アインシュタイン訳」と表記されている。これほどの御墨付(おすみつき)はまずなかろう)。

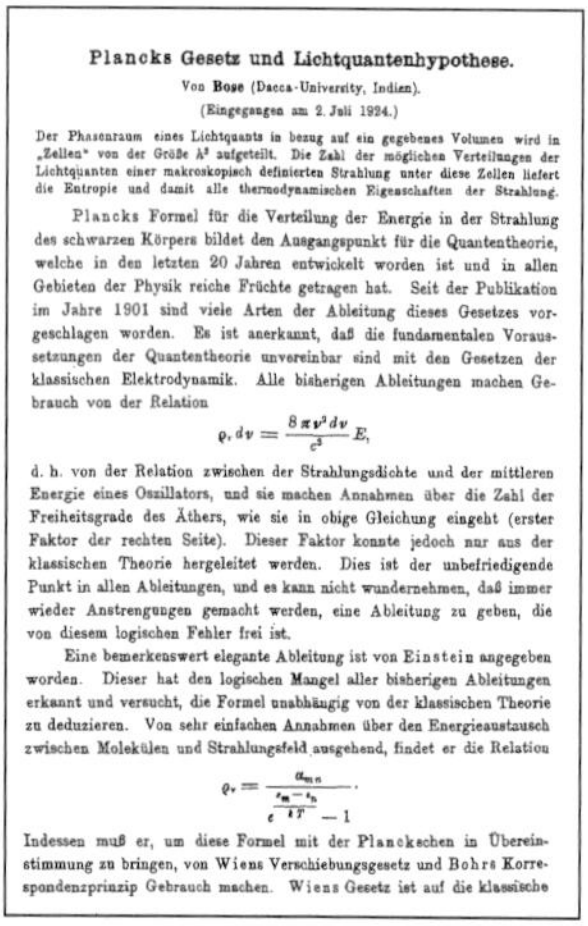

Plancks Gesetz und Lichtquantenhypothese.

Von **Bose** (Dacca-University, Indien).

(Eingegangen am 2. Juli 1924.)

Der Phasenraum eines Lichtquants in bezug auf ein gegebenes Volumen wird in „Zellen" von der Größe h^3 aufgeteilt. Die Zahl der möglichen Verteilungen der Lichtquanten einer makroskopisch definierten Strahlung unter diese Zellen liefert die Entropie und damit alle thermodynamischen Eigenschaften der Strahlung.

Plancks Formel für die Verteilung der Energie in der Strahlung des schwarzen Körpers bildet den Ausgangspunkt für die Quantentheorie, welche in den letzten 20 Jahren entwickelt worden ist und in allen Gebieten der Physik reiche Früchte getragen hat. Seit der Publikation im Jahre 1901 sind viele Arten der Ableitung dieses Gesetzes vorgeschlagen worden. Es ist anerkannt, daß die fundamentalen Voraussetzungen der Quantentheorie unvereinbar sind mit den Gesetzen der klassischen Elektrodynamik. Alle bisherigen Ableitungen machen Gebrauch von der Relation

$$\varrho_\nu d\nu = \frac{8\pi\nu^2 d\nu}{c^3} E,$$

d. h. von der Relation zwischen der Strahlungsdichte und der mittleren Energie eines Oszillators, und sie machen Annahmen über die Zahl der Freiheitsgrade des Äthers, wie sie in obige Gleichung eingeht (erster Faktor der rechten Seite). Dieser Faktor konnte jedoch nur aus der klassischen Theorie hergeleitet werden. Dies ist der unbefriedigende Punkt in allen Ableitungen, und es kann nicht wundernehmen, daß immer wieder Anstrengungen gemacht werden, eine Ableitung zu geben, die von diesem logischen Fehler frei ist.

Eine bemerkenswert elegante Ableitung ist von Einstein angegeben worden. Dieser hat den logischen Mangel aller bisherigen Ableitungen erkannt und versucht, die Formel unabhängig von der klassischen Theorie zu deduzieren. Von sehr einfachen Annahmen über den Energieaustausch zwischen Molekülen und Strahlungsfeld ausgehend, findet er die Relation

$$\varrho_\nu = \frac{\alpha_{mn}}{e^{\frac{\varepsilon_m - \varepsilon_n}{kT}} - 1}.$$

Indessen muß er, um diese Formel mit der Planckschen in Übereinstimmung zu bringen, von Wiens Verschiebungsgesetz und Bohrs Korrespondenzprinzip Gebrauch machen. Wiens Gesetz ist auf die klassische

図2-1　アインシュタインが翻訳したボースの論文の冒頭部分

アインシュタインをめぐるこのエピソードは科学史上の一つの〝美談〟といえるであろうが、それだけにそこから、さまざまな〝歴史のif〟を想像したくなる。

もし、『フィロソフィカル・マガジン』から論文を突っ返されたボースが弱気になり、そこで諦めてしまっていたら……、もし、アインシュタインが忙しさに追われ——そうした状況はおおいに想定できる——、ボースの論文にかまっておられず、そのまま放置していたとしたら……、その後の物理学の歴史は違ったものになっていたと思われるからである。そうなれば、さきほど名前をあげたコーネルら三人の二〇〇一年のノーベル賞も幻に終わっていたかもしれない。

それでは、〝歴史のif〟はこの辺にして、現実の歴史に目を向け、ボースの研究とそれに端を発した物理学の歩みをたどってみることにしよう。

図 2-2　プランク(左)とアインシュタイン，1929 年(A. ロビンソン編著『図説　アインシュタイン大全』寺町朋子訳，東洋書林より)

プランクの放射法則

ボースの論文のタイトルにある「プランクの放射法則」とは、一九〇〇年、プランクがエネルギー量子という新しい概念を強引に導入して求めた、熱放射のスペクトルを与える理論式である(図2-2)。

熱放射とは、物体がその温度に依存したスペクトル(波長分布)の電磁波(光)を出す現象である。たとえば、鉄は常温で

図2-3　ヴィーン(『ノーベル賞講演　物理学2』講談社より)

は黒っぽいが熱すると赤みを帯び、さらに温度が上がると橙(だいだい)色となり、やがて白熱してくるように、温度に対応して物体の色(これがスペクトルに相当)が変化するわけである。当時、ドイツは鉄鋼業の振興に力を注いでいたことから、高温の測定手段としてこうした熱放射の研究が重要視され始めていた。

この現象を調べるため一八九五年、ヴィーン(図2-3)は小窓のついた空洞の装置(炉(オーブン))を用意した。空洞内を一定の温度に保っておくと、内壁から放射される電磁波と吸収される電磁波が平衡状態に達し、空洞内に充満する電磁波は温度だけで決まるスペクトルを示すことになる。それを小窓を通して観測するのである。ヴィーンが導入した実験方法により、熱放射の測定精度は格段に高くなった(この研究でヴィーンは一九一一年、ノーベル物理学賞を受けた)。

ところが、こうして得られた実験データを、すでに完成の域に達していたと思われた電磁気学や熱力学にもとづいて計算した熱放射のスペクトルと比較すると、一致を見なかったのである。理論が実験とくい違ってしまっていた。物体の温度と放射される電磁波のスペクトルの関係という、一見、さもないように思われた現象の説明に、一九世紀の物理学はてこずっていたわけである。

こうした状況を、一九世紀を代表する物理学者の一人であるケルヴィンは一九〇〇年四月二七日、ロンドンの王立研究所で行った講演の中で、「物理学の理論の美しさと明晰さの上に暗雲がおおいかぶさろうとしている」と表現した。その〝暗雲〟を晴らしたのがプランクになる。

もう後わずかで二〇世紀を迎えるという一九〇〇年一二月一四日、プランクはドイツ物理学会の例会で「正常スペクトルにおけるエネルギー分布の法則の理論」と題する講演を行った。この中で、プランクはさきほど述べたエネルギー量子という奇妙な捉え方を提唱したのである。

「量子」とは物理量(今の場合はエネルギー)が、不連続なとびとびの値――これを離散的と表現する――しか取れないことを意味する。具体的に書くと、振動数ν(ニュー)の電磁波のエネルギーはhνを単位として、その整数倍(hν、2hν、3hν……)で変化していくというものである(hは1章で触れたプランク定数で、振動数に掛けてエネルギーの単位をつくる量)。つまり、

hνの一・五倍とか二・三倍といった途中の値は取り得ないということになる。

古典物理学(一九世紀までに体系化された物理学をこう総称する)に則れば、すべての物理量は連続的に変化する。そこに〝立ち入り禁止〟の領域は存在しない。ということは、プランクのエネルギー量子は当時の物理学の常識に反していたことになる。

常識に反していたが、こういう仮定を設けて熱放射のスペクトルを計算すると、それがぴたりと測定結果と一致したのである。ここに、古典物理学の枠から飛び出し、量子力学が生まれるきっかけがつくられたのであるが、当時はまだ、プランク本人にすら、そうした認識はまったくなかった。実験値に合わせようと式をあれこれいじっているうちに、エネルギーの不連続性を仮定するとうまくいくことにたまたま、プランクは気がついたようである。

実際、プランクは一九一八年に贈られたノーベル賞の受賞講演で、自分が導き出した放射法則を「運よく選ばれた外挿(がいそう)公式」と表現している。これは謙遜(けんそん)した表現ではなかった。エネルギー量子は計算上のテクニックとして使ったものにすぎないとプランクは考え、そこにどのような物理学的な意味があるのかを思いあぐねていたのである(プランク自身が戸惑っていた問題を一九〇五年、光量子仮説の概念を当てはめて解決したのがアインシュタインである。1章「電子の二重性」参照)。

さて、ともかくも、プランクは古典物理学からの脱皮をはかり、〝ルビコン〟を渡ったのであるが、放射法則を導出する過程の一部にはまだ、エントロピーとエネルギーの関係などに古典物理学の考え方、捉え方が踏襲されていた。その意味では、プランクはルビコンを完全には渡り切っておらず、彼の放射法則には新旧の自然観(古典論と量子論)が渾然一体となっていたのである。ノーベル賞受賞講演で当時の思いを回想したプランクの言葉が、それを物語っている。

これに対しボースは、古典論にいっさい頼らず量子論一本で押し通しても、プランクの放射法則をそっくりそのまま導き出すことに成功した。前節で引用したボースの手紙の冒頭に綴られた一文は、その重要性をアインシュタインに訴えていたのである。

ノーベル賞に恵まれなかったボース

ボースが熱放射の問題から古典論を払拭できたのは、アインシュタインの光量子仮説に注目したからであった。ボースは空洞内に熱平衡状態で充満する光(電磁放射)を波動ではなく、光子という粒子からなる〝気体〟とみなしたのである。そして、そこから「量子統計」と呼ばれるようになる新しい手法が構築されていくことになる(これに対し、プランクの理論は旧来の古典統計力学に依拠していた)。
それに従うと、光子は一つのエネルギー状態に何個でも無制限に詰め込むことが可能になる。従って、系(光子の集団全体)としてもっとも低いエネルギー状態(これを「基底状態」と呼ぶ)を考えると、それはすべての光子が最低エネルギーの値を取ったときになる。

こうした光子の性質は、一本の電線にたくさんのスズメが押し競饅頭をするように身を寄せ合って止まっている光景をイメージさせるが、一つ注意することがある。スズメのたとえでは空間的な密度の高さになるのに対し、光子の場合は空間的な話ではなく、あくまでも同じエネルギー状態を無数の光子が占めることができるという意味である。

なお、この点に関し、電子は光子とまったく異なる性質を示す。電子は逆に、同じエネルギー状態には一個しか入れないのである。従って、電子の系全体としては最低エネルギー値を取っていても、個々の電子は基底状態から順に上のエネルギーに向け階段を一段ずつ占めるようにして詰まっていくことになり、スズメが一本の電線にそろって止まるようなことにはならない。

こうした違いは粒子のスピンに依存している。光子のようなエネルギー分布をみせる粒子はスピンの値が整数で、これは「ボース粒子」と総称されるようになる。弱い相互作用を媒介するZ粒子とW粒子、強い相互作用を担うグルーオンはすべてこの仲間に分類される(表1-4参照。これらのスピンの値はすべて1になる)。

一方、電子のようなエネルギー分布を成す粒子はスピンの値が半整数で、「フェルミ粒子」と呼ばれている。クォークとレプトンがこのグループに属する(表1-3参照。これらのスピンの値はすべて二分の一になる)。

さて、ボースの論文に話を戻すと、光子のエネルギー分布を今述べたように考えれば、古典論を一部残した折衷案に依らずとも、プランクの放射法則がそっくりそのまま導き出されることを、ボースはみごとに証明したのである。

『ツァイトシュリフト・フュア・フィジーク』に掲載された論文の最後には、アインシュタインによる次のような訳者注が付け加えられ、ボースの研究に花を添えている。「ボースによるプランクの公式の導出法は重要な発展につながると思われます。ここで用いられた方法は理想気体の量子論にも適用できるからです」。

実際、アインシュタインは一九二四年、ボースの方法を使って「一原子理想気体の量子論」と題する論文を発表、つづいて翌年、その続編をまとめている。その中でアインシュタインは「ボース・アインシュタイン統計」(熱平衡状態にあるボース粒子の系が従う量子統計)を導き出し、そこから気体の魔訶(まか)不思議な相転移を予言したのである。それが予言から七〇年を経てやっと実験に成功した「ボース・アインシュタイン凝縮」に他ならない。

こうして物性物理学、素粒子論、量子力学の発展に寄与したことを考えると、ボースはどこかの時点でノーベル賞に輝いて然るべきだったと思われる。しかし、そうした栄誉に浴す

図2-4 晩年のボース
(A. ロビンソン編著, 前掲書より)

1900年	プランクの放射法則(1918)
	▼
1905年	アインシュタインの光量子仮説(1921)
	▼
1924年	ボースの量子論だけによる放射法則
	▼
1925年	ボース・アインシュタイン凝縮の理論
	▼
1995年	ボース・アインシュタイン凝縮の実験成功(2001)

図2-5 ボースにかかわる研究の歩み. カッコ内はノーベル賞の年次

ることなく、ボースはアインシュタインに手紙を送った五〇年後の一九七四年、八〇歳でその生涯を閉じたのである(図2-4)。

ボース・アインシュタイン凝縮がどのような現象かは次節で述べるが、そこに至る一連の流れをまとめると図2-5のようになる。プランクの放射法則からかぞえると、そこには物理学一〇〇年の歴史が刻まれていることが分かる。

極低温に出現した〝巨大原子〟

一般に、気体の温度はミクロに捉えれば原子や分子の運動エネルギーに対応する。ただし、気体を構成する粒子はランダムな方向にさまざまな速度で動きまわっている。つまり、遅いものから速いものまでが混在しており、粒子のエネルギーは山型の正規分布をなしている。そして、山型のピークに当たるエネルギーの平均がマクロに見たとき、気体の温度に置き換えられるわけである。

ところが、アインシュタインがボースの理論を一原子の理想気体に適用したところ、ボース粒子として振る舞う原子の場合、温度が極低温まで下がると突然、すべての原子が足並みをそろえて最低エネルギー状態に飛び込んでしまうという予想外の結果が導き出された(ここで、一原子理想気体とは一種類の原子だけからなる気体で、原子間の引力が無視できるくらい弱いと理想化できるものの意味である)。

つまり、原子の種類によって決まる臨界温度を境にして、古典物理学が描く山型のエネルギー分布が一瞬にして消失し、量子統計に従い、すべての気体原子が同一のエネルギー値を取ることになる。この現象が「ボース・アインシュタイン凝縮」である。

なお、電線に止まったスズメの群れのたとえのところで述べたように、〝凝縮〟とはいっても、原子同士が狭い空間に密集してくるというわけではない。普通、気体の温度を下げると粒子の動きが遅くなるため、粒子間の引力によって凝縮が起き、気体は液体に変化する(たとえば、水蒸気が水になるように)。こうした現象を「相転移」という。これに対し、アインシュタインが予言した凝縮は粒子間の引力が働いて粒子の空間密度が高くなる現象ではなく、あくまでも粒子のエネルギー分布が最低状態に集中するというボース粒子特有の量子力学にもとづく効果である。

具体的にいうと、ここでも1章で述べた粒子と波の二重性が極低温の世界を舞台にして、顕著に現れてくる。

図2-6の(1)に示すように、高温では気体原子間の相互作用は弱いので、原子は〝ビリヤ

ードの玉〟のように勝手に動きまわっている（vは原子の速度、dは原子間の距離）。(2)ところが低温になると原子の速度は遅くなるので、量子力学に従い、原子は付随する波長λ_{dB}の広がりをもつ波としての性質が強くなる（λ_{dB}はドゥ・ブローイが導いた運動量mvの粒子の波長で、温度Tの平方根に反比例する）。

(3)さらに温度が下がり、ボース・アインシュタイン凝縮の臨界温度T_{crit}に達すると、ドゥ・ブローイ波長λ_{dB}が原子間の距離dに近づいてくる。こうなると、原子の波同士の重なりが生じる。そして(4)さらに温度が絶対零度（マイナス二七三・一五℃）に近づくと、ボース粒子はそろって最低エネルギー状態

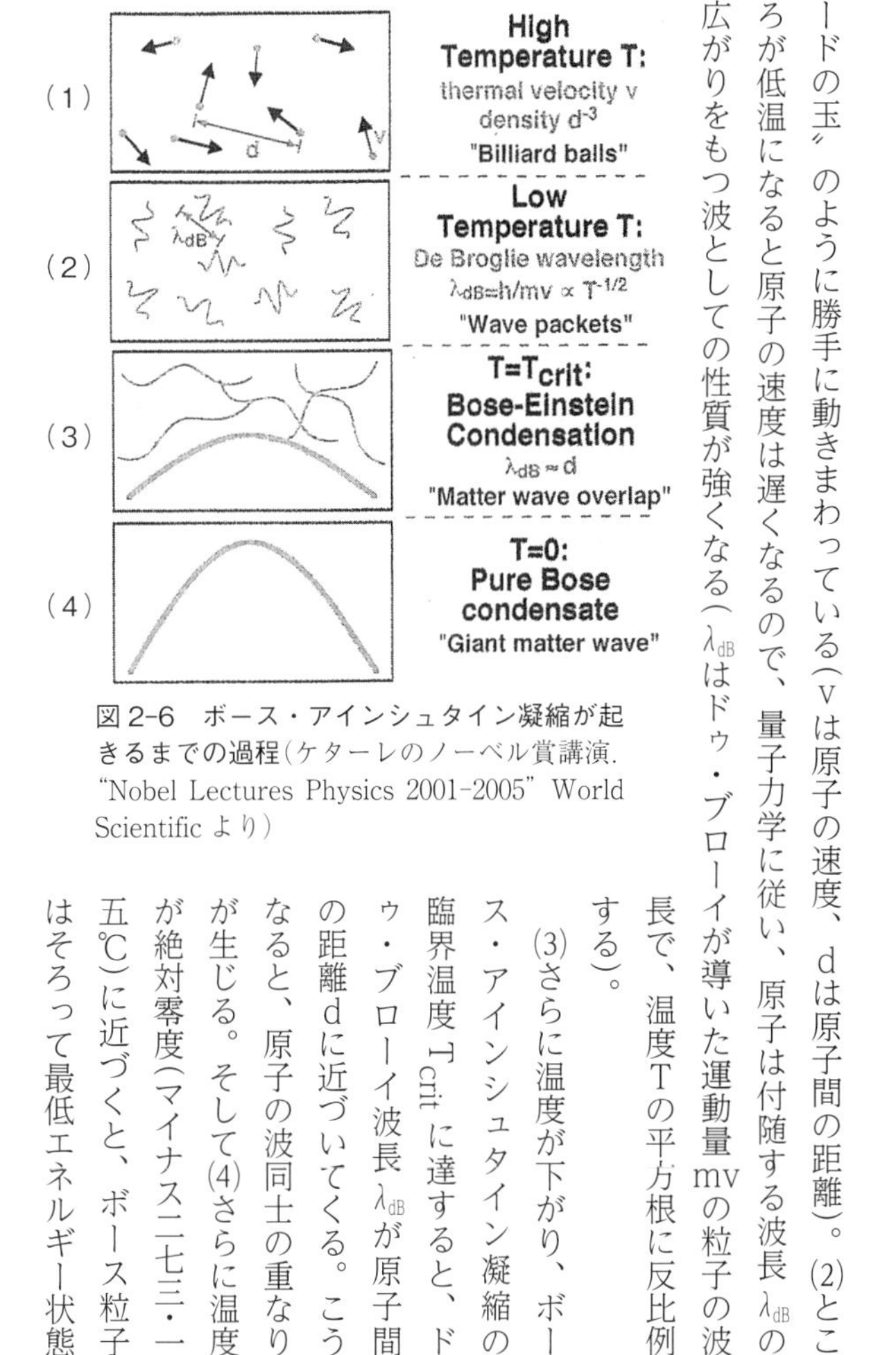

図2-6　ボース・アインシュタイン凝縮が起きるまでの過程（ケターレのノーベル賞講演. "Nobel Lectures Physics 2001-2005" World Scientific より）

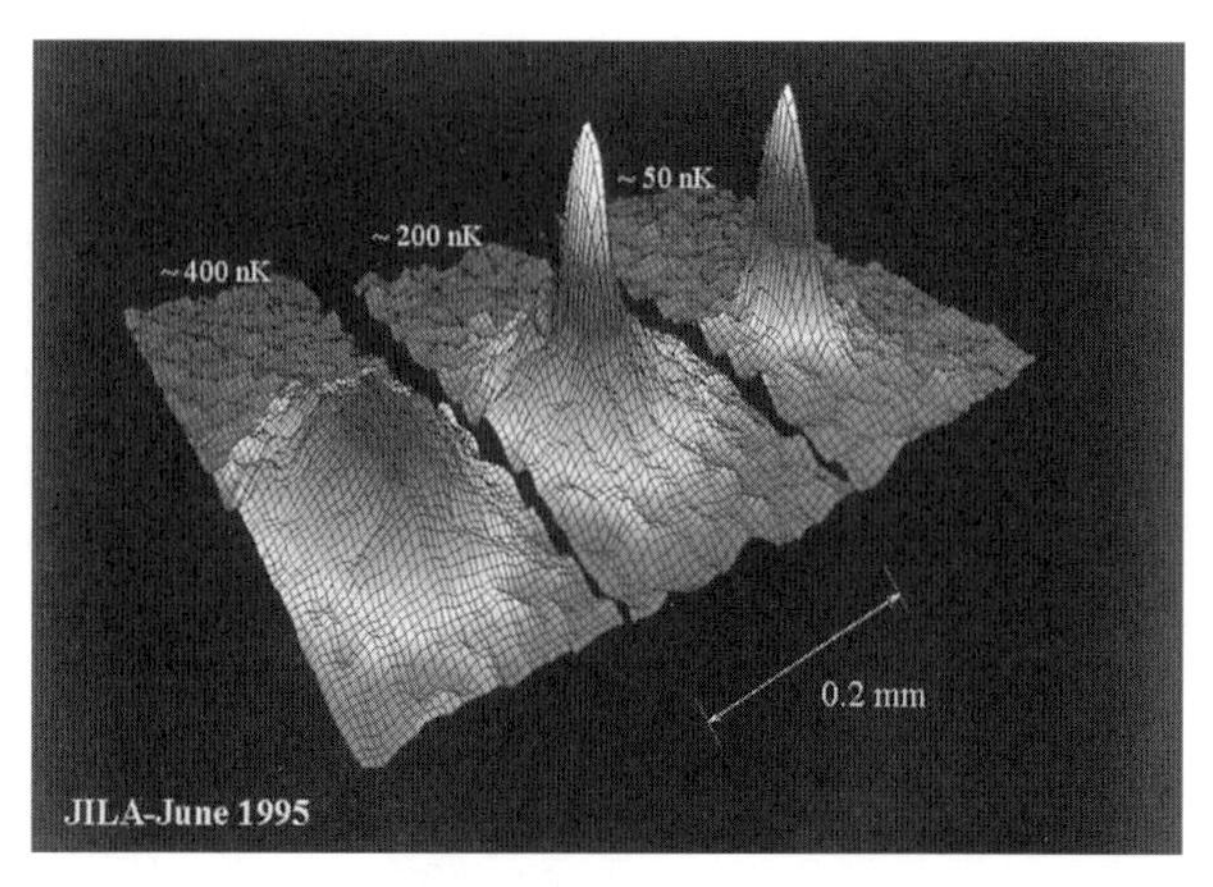

図 2-7　ルビジウム原子のボース・アインシュタイン凝縮（コーネルとウィーマンのノーベル賞講演. "Nobel Lectures Physics 2001-2005" より）

に収まってしまうため、原子に付随する波長も同じとなる。そうした波が幾重にも干渉し合うと増幅が強まり、一つの巨大な物質波"Giant matter wave"が発生する。

ここで再び、粒子と波の二重性に注目すると、巨大な物質波（図2-6(4)）は気体に含まれるすべての原子が一つの〝巨大原子〟を形成したことに対応する。これが純粋なボース・アインシュタイン凝縮である。

図2-7は一九九五年、ウィーマンとコーネルがルビジウム原子を用いて凝縮の実験に成功したときのデータである（図中の絶対温度Kの前につけたn（ナノ）は10^{-9}（一〇億分の一）を表す）。図中央の一〇〇〇万分の二Kに見られるピークが凝縮の出現を示して

おり、さらに右の一億分の五Kではほとんどすべての原子が凝縮を起こしている。

それにしても、コーネルとウィーマンがルビジウム原子で、ケターレがナトリウム原子でそれぞれ凝縮に成功するまで、アインシュタインの理論から実に七〇年もの時間を要したことになるが、その理由は凝縮の臨界温度が図2-7にあるように、あまりにも低すぎるからである。アインシュタインの時代、これほどの低温を実現することはとうてい不可能であり、凝縮を可能にするテクノロジーが確立されるには、それ相当の歳月が必要であった。そのテクノロジーとは、「レーザー冷却」と呼ばれる手法である。

レーザー冷却とボース・アインシュタイン凝縮

レーザーとは「放射の誘導放出による光の増幅」(Light Amplification by Stimulated Emission of Radiation)の頭文字を取った造語で、人工的につくり出した光である。

今、話を簡単にするために、物質を構成する原子に高低差のある二つのエネルギー状態があるとし、あらかじめ、なんらかの方法で高いエネルギーをつくり出しておく。そこに、その高低差に等しいエネルギーの光を当てると、それに誘導されて原子は低いエネルギー状態に落ち、光を放出する。このとき放出される光のエネルギーは、入射してきた光と同じであ

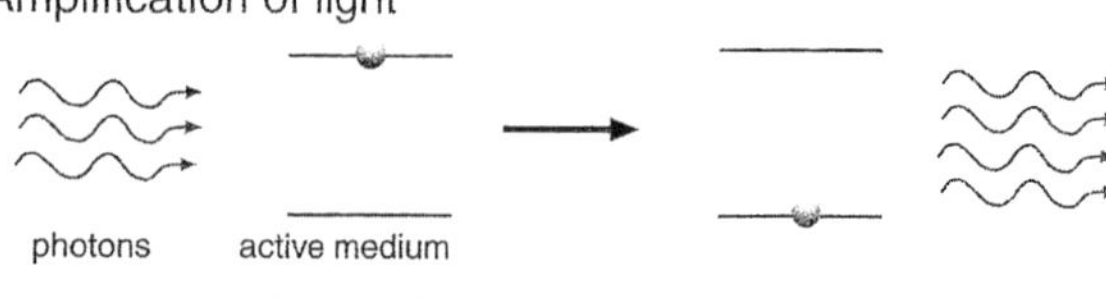

図2-8　光の増幅(ケターレのノーベル賞講演より)

る。結果、光は増幅されることになる(図2-8)。つまり、同じエネルギーの光子の数がふえるわけである。これがレーザーの名称となった誘導放射である。

そこで、光を反射板ではさんでその間を何回も往復させると、光子の数は雪崩(なだれ)を打ったように増幅されていく。しかも、こうしてつくり出された光は波長が一定で位相がそろうため、干渉性にすぐれている。また、指向性が高く、懐中電灯を照らしたときのように光がぼやーっと広がることもなく、その分、エネルギー密度がきわめて高いという利点がある。これがレーザーである(レーザーの発明により一九六四年、タウンズ、バソフ、プロホロフの三人がノーベル物理学賞を受けている)。

たとえてみれば、普通の光は波長も進む方向もまちまちで、雑踏の中を行く無秩序な人の動きになぞらえられる。これに対しレーザーは、大勢の人が歩調を合わせ、同じ方向に整然と行進する様子を思い浮かべればよい。

従って、熱運動する原子が反対方向からきたレーザーにぶつかると、光子の強い圧力によってその動きが抑えられ、気体の温度が下がることになる。これがレーザー冷却技術の原理になる。

一九八五年、チューは気体に前後、左右、上下の六方向からレーザーをいっせいに照射し、原子を狭い空間に閉じ込め、静止に近い状態をつくり出すことに成功し、この方法でナトリウム原子を一万分の一Kまで冷却した。

チューが開発した方法を改良したフィリップスは磁場を作用させながらレーザー照射を行い、冷却温度を一〇万分の一のオーダーまで下げている。さらに、コーエン＝タヌジはレーザーを受けた原子が光を放出するときの反跳を抑える方法を工夫し、ヘリウム原子を用いて一〇〇〇万分の一Kまで迫ったのである。このあたりから、ボース・アインシュタイン凝縮はいよいよ、射程に捉えられるようになってきた。そして、一九九五年を迎えるのである(図2-9)。

前節で述べたように、この年、ウィーマンとコーネルがルビジウム原子、ケターレがナトリウム原子を用いて、七〇年来の課題の実現についに成功した。彼らはそれぞれ、レーザー照射によって原子を真空中に捕捉して温度を下げ、さらに蒸発冷却という手法を併用し、絶対零度に迫ったのである(図2-10)。

これは捕捉した原子(図の中央の Trapped atoms)のうち、相対的にエネルギーの高いものを磁場(Magnetic field)と電波(Radio frequency radiation)を作用させて、排除する操作(これを〝蒸発〟と表現。図の Escaping atom がその原子)である。これによって、冷却温度は一億分の一Kのオーダーという信じられないほど低い領域が可能となった。

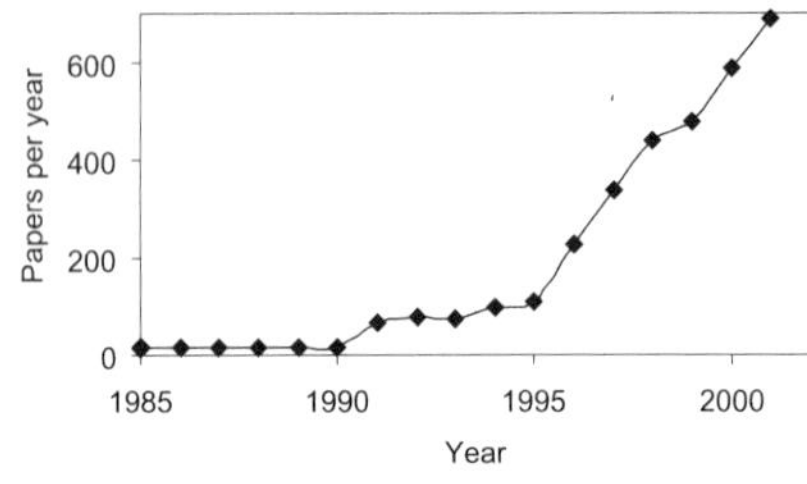

図 2-9　ボース・アインシュタイン凝縮に関連する論文数の増加(1985年〜2001年)(ケターレのノーベル賞講演より)

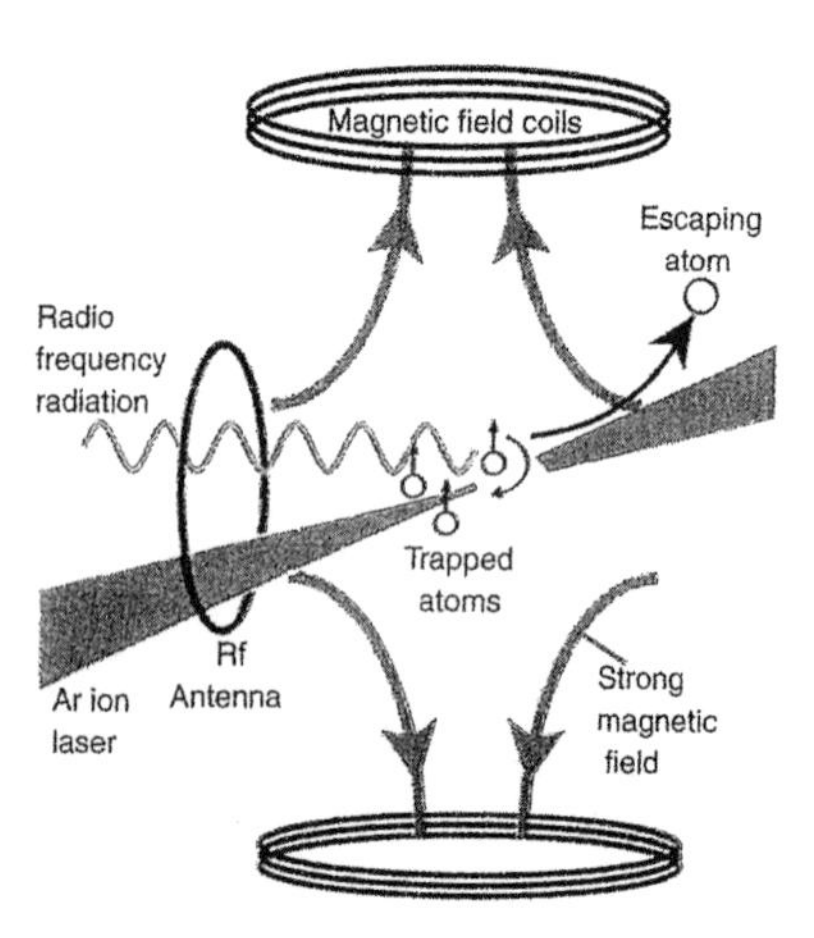

図 2-10　蒸発冷却法の原理(ケターレのノーベル賞講演より)

ケターレ

コーネル

ウィーマン

図2-11　2001年のノーベル物理学賞受賞者（“Nobel Lectures Physics 2001-2005”より）

ケターレは凝縮によって生じた〝巨大原子〟を二つ、結合させせると、波の重ね合わせによる干渉が起きることを示し、〝巨大原子〟が位相のそろった物質波であることを視覚に訴える形で示したのである。

なお、二〇〇一年にノーベル物理学賞を贈られた三人はいずれも、その受賞講演を一九二四年、ボースがアインシュタインに送った手紙と論文の紹介から始めている（図2-11）。彼らは自分たちの研究のルーツを、かつて科学に情熱をかけた一人の若者がとった行動に見て取ったからであろう。

液体ヘリウムと低温物性

さて、ここで時間をいったん一世紀前に巻き戻すと、一九〇八年、低温科学の分野で大きな出来事が起こった。カマーリング・オンネス（以下、オンネスと略記。図

2-12)がヘリウムガスの液化に成功したのである。

当時、低温をつくり出す手法の主流は気体の液化現象を利用することであったが、オンネスは液体ヘリウムの生成により、一・一五Kという極低温を実現した。先にレーザー冷却を駆使したボース・アインシュタイン凝縮の話を書いてしまったので、一K程度ではあまり驚かれないかもしれないが、この値、二〇世紀初頭としては画期的なものであった。

実際、液体ヘリウムにより絶対零度から数度という低温領域がつくり出されるようになると、物質の性質が常温とは本質的に異なることが明らかにされ

図2-12　カマーリング・オンネス(『ノーベル賞講演　物理学2』講談社より)

図2-13　カピッツァ(“Nobel Lectures Physics 1971-1980” World Scientificより)

てきた。一九一一年にオンネス自身が発見した「超伝導」や、一九三七年、カピッツァ(図2-13)が発見した「超流動」はその代表である。前者は導体の電気抵抗がゼロになり、永久電流が生じるという予想外の現象であり、後者は容器に入れておいた液体ヘリウムが容器の内壁をはいよって外へ流れ出てしまうという、これまた不思議な現象である。

表 2-1　超伝導と超流動に関連するノーベル物理学賞

1913 年	カマーリング・オンネス	液体ヘリウムの生成と低温物理の研究
1962 年	ランダウ	液体ヘリウムの理論
1972 年	バーディーン クーパー シュリーファー	超伝導現象の理論
1973 年	ジェーバー	超伝導体内におけるトンネル効果の発見
	ジョセフソン	ジョセフソン効果の理論的予測
1978 年	カピッツァ	低温物理学の基礎的研究
1987 年	ベドノルツ ミュラー	セラミックス高温超伝導体の発見
1996 年	リー オシェロフ リチャードソン	ヘリウム 3 の超流動の発見
2003 年	アブリコソフ ギンツブルク レゲット	超伝導と超流動の理論に関する先駆的研究

これらはいずれも古典物理学では説明のつかない量子力学的効果であることが後に理論的に明らかにされ、こうした低温物性に関連する業績がノーベル賞に刻まれていくことになる(表2-1)。

そこで、話は超伝導、超流動に移っていくわけであるが、その前に、低温物性の扉を開くことになった気体の液化の歴史を簡単にみておくことにしよう。

ファラデーの液化実験

この分野の研究は一九世紀前半のある偶然から始まった。

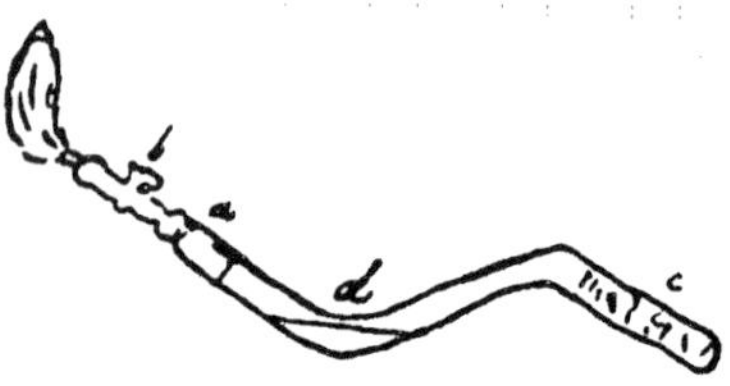

図2-14　ファラデーが実験日誌(1823年4月17日)に残したスケッチ(“Faraday's Diary of Experimental Investigation” vol. 1, Royal Institution of Great Britain より)

一八二三年、塩素化合物の性質を調べる実験を行っていたファラデーは、塩素を含む固体を折り曲げて密封したガラス管の端cに入れ、そこを熱してみた(図2-14)。すると、その先にある管のくぼみdに油のような黄色い液体が溜(たま)り始めたのである。

加熱された固体は溶け、そこから気体が発生し、充満していくにつれ、管内の圧力は高くなる。ところが、「くの字」に曲がった底に当たる部分dは冷たいので、気体は圧力がかかったもとで急激に冷却され、そこで液化が起きたと考えられた。こうしてファラデーははからずも、気体を液体に変える方法を発見した。その後、ファラデーは加圧、冷却の方法を改良し、二酸化炭素、硫化水素、アンモニアなどの液化にも成功している。

ところが、やがて、いくら高い圧力をかけても、気体を固有の臨界温度まで冷しておかないと、液体にはならないことが分かってきた。この現象を理論的に研究したのが、ファン・デル・ワールスである(図2-15)。

気体の圧力P、体積V、温度Tの関係は、PとVの積がTに比例するとしたボイル・シャルルの法則で与えられている。ただし、これは条件を理想化したときの近似式であり、現実の気体はこの式からずれてくる。それは気体原子、分子の間に引力が働くからである。

一八七三年、ファン・デル・ワールスはこの効果を考慮してボイル・シャルルの法則を修正し、より実際の気体の性質に近い状態方程式を導いた。これによって、気体に圧力を加えたとき液化が起きる臨界温度の目安がつくようになった(一九一〇年のノーベル物理学賞)。

そこで、加圧した気体にジュール・トムソン効果を利用して臨界温度まで下げることにより、さまざまな気体が次々と液化されていった。なお、ジュール・トムソン効果とは一八五二年、名前を冠せられた二人が発見した気体の膨張に伴う温度降下の現象である(トムソンは後にケルヴィン卿となり、絶対温度の単位「K」に名前を残したあの大物科学者である)。

図2-15 ファン・デル・ワールス(『ノーベル賞講演 物理学2』講談社より)

圧力を加えた気体の体積を急激に増大させると、外に向かって仕事がなされ、その分気体からエネルギーが奪われるため、一気に温度が下がり、液化が生じるわけである。これによって順次、より低い温度が達成されていくようになった。

そうした中、最後まで液化に抵抗したのが水素とヘリウムであったが、この二つもやがて軍門に降(くだ)ることになる。

一八九三年、かつてファラデーが実験を行ったロンドンの王立研究所でデュワーは、気体を液化したままの状態で長時間低温保存できる容器(デュワーびん)を開発した。これは二重構造をしたガラス容器で、二重壁の間は真空、内側容器の内壁には銀メッキが施され、それ全体がさらに金属容器で包み込まれている。一八九八年、デュワーはジュール・トムソン効果によって液体水素をつくり、これをデュワーびんの中で保存できることを示したのである。このとき得られた液体水素の温度は二〇Kという低温に達していた。

こうして低温技術が向上する中、一九〇八年、オンネスがついに不活性ガスであるヘリウムの液化に成功した。このときの実験データによると、液化の沸点は四・二五K、臨界温度は五K、臨界圧は二~三気圧と推定された。また、熱の補給をせずにヘリウムを蒸発させながら気化熱を奪うことにより、一・一五Kまで温度が下げられたのである。ここに至って、絶対零度からわずか数Kの範囲における物質の性質を調べることが可能となった。

そこには、今までの科学が足を踏み入れたことのない未知の世界が広がっていたのである。

超伝導の発見

さて、こうして準備が整ったところで、オンネスは水銀を使って極低温領域での温度に対する電気抵抗の変化を測定してみた(水銀は常温で液体であるが、マイナス三九℃で固体になる。なお、導体として水銀を用いたのは、純度の高い試料が得やすいからである)。

一般に導体を流れる電流Ｉと電圧Ｖの間には比例関係が成り立ち、その比例係数が電気抵抗Ｒになる(Ｖ＝Ｒ×Ｉで与えられるオームの法則)。抵抗は物質固有の値を取るが、温度が高くなるほど増加することが知られている。つまり、同じ物質でも高温になるほど電気は流れにくくなるわけである。その理由は、原子の熱振動にある。

導体の場合、原子の中で一番外側の軌道にある電子が原子核の束縛(電気的な引力)を振り切って、導体内を自由に動きまわるようになる(これを自由電子あるいは伝導電子という)。自由になった電子は電圧をかけられると、もはや原子核につなぎ止められることなく、一方向に流れ出す。これが電流に他ならない。

ところが、自由電子の流れを格子状に並んだ原子の熱振動がじゃまをする。原子が両手を広げて、電子に対し〝通せん坊〟をしているようなものである。これが電気抵抗に相当する。温度の上昇とともに原子の熱振動は激しくなり、その振幅を増すので、通せん坊によるじゃまも強くなる。その分、抵抗も大きくなるという次第である。

従って、絶対零度に近づくにつれ、原子の熱振動は弱まり、抵抗は小さくなると予想される。ではあるが、自由電子の動きも同時に凍結されるとすれば、電流自体が止まってしまうことになる。古典物理学に従えば、絶対零度とはすべての粒子の運動が停止した〝死の世界〟になるからである。つまり、電気抵抗についてまったく逆の二つの可能性が想定されるわけである。

こうした矛盾した二つの可能性を考えると、ヘリウムの液化が達成されたことは、まさに時宜にかなっていた。オンネスは早速、実験に取り組み、一九一一年、水銀の電気抵抗が四・二Kの温度で突然、消失することを発見するのである(図2-16)。従って、閉じた回路に一度、電流を通せば、それは減衰せずに永久に流れつづけることになる。オンネスはこれを「超伝導」と呼んだ。水銀はオームの法則が適用される常伝導状態から、それが破綻してしまう超伝導状態へと不連続に転移したのである。

古典物理学の法則が破綻するとなると、極低温で現れる特異な現象の解明は新しい理論体系に委(ゆだ)ねられることになる。オンネス自身も一九一三年のノーベル賞講演で、当時、注目を浴び始めていた量子論がその鍵をにぎっているのではないかと言及している。その発端となるのは、前述したプランクの量子仮説(一九〇〇年)とアインシュタインの光量子仮説(一九〇五年)の発表である。

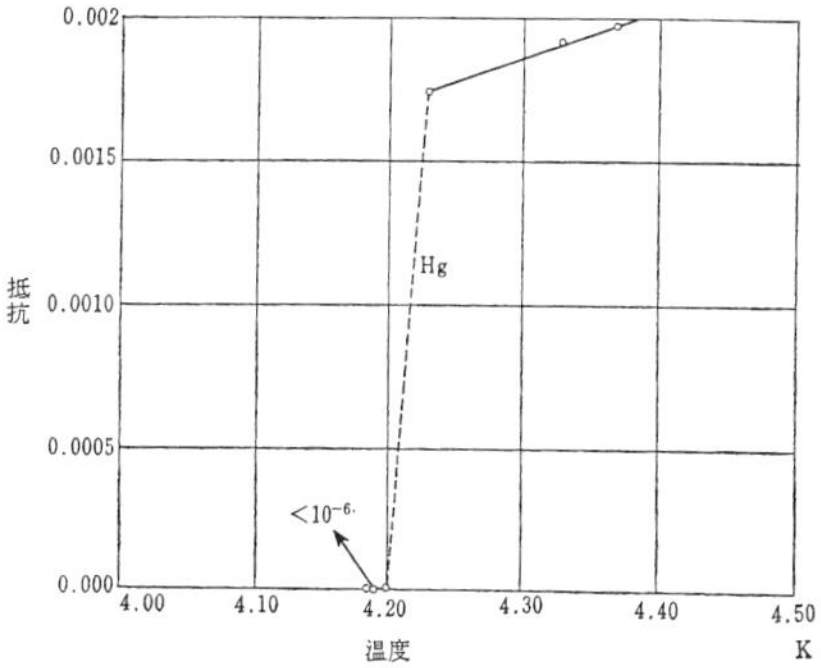

図2-16　水銀の電気抵抗の温度変化(『ノーベル賞講演　物理学2』講談社より)

そして、超伝導が発見された一九一一年、ブリュッセルで「放射と量子の理論」をテーマに第一回ソルヴェイ会議が開かれている。これはベルギーの化学工業の企業家ソルヴェイがスポンサーとなり、ドイツの物理化学者ネルンスト(一九二〇年ノーベル化学賞受賞)が主宰して行われた国際会議である。その目的は第一線で活躍する物理学者たちが一堂に会し、そのときどきの物理学の重要な問題について議論をするというものであった。

第一回の招待者はオンネス、プランク、アインシュタイン、マリー・キュリー、ラザフォード、ロー

図2-17　第1回ソルヴェイ会議．前列左端がネルンスト，3人めソルヴェイ，4人めローレンツ．前列右端ポアンカレ，その隣マリー・キュリー．後列左から2人めプランク，右から2人めアインシュタイン，3人めオンネス，その隣がラザフォード（A.ロビンソン編著，前掲書より）

レンツ、ポアンカレといった豪華な顔ぶれであった（図2-17）。

なお、さきほど、古典物理学では絶対零度はすべての粒子の動きが停止した状態と解釈されると述べたが、量子力学に従えば、そうはならないことがやがて示されるようになる。1章で触れた不確定性原理により、粒子の位置と運動量を同時に確定することはできないため、最低エネルギー状態に当たる絶対零度においても、量子は位置と運動量に不確定を伴った動きを示すことになる。完全には停止し得ないのであり、これを零点振動という。

同位体効果

1章で述べた素粒子の世界だけでなく、物質の性質に関する理論もまた、古典物理学から量子力学へと移り変わってゆくのであるが、超伝導のメカニズムが解明されるまでにはかなり長い道のりが必要であった。そのきっかけとなったのは一九五〇年、レイノルズらのグループとマクスウェルが独立に『フィジカル・レヴュー』に発表した「同位体効果(アイソトープ)」の測定である。

同位体とは原子番号(原子核に含まれる陽子の数)は同じであるが、質量数(陽子と中性子の数の和)が異なる元素のグループを指す。構造が一番簡単な水素を例にとると、自然界には陽子が一個のH(これが存在比のほとんどを占める)の他に、ごく微量ながら、陽子一個と中性子一個から成る重水素Dとさらに中性子がもう一つ加わった三重水素Tが存在する。化学的性質は原子番号で決まるので、これらは元素の種類としてはすべて同じものであるが(従って、元素の周期表では同じ場所に位置する)、それぞれの質量に中性子の数に応じた違いがあるわけである。

すべての元素は、このように複数の重さが異なる同位体をもつことが知られている。なお、中性子がまだ発見されていなかった一九一九年、放射性物質がみせる元素の変換の研究から、同位体の存在に気がついたのはソディーである。また、重さの違いを利用して同位体を選り分ける質量分析器を開発し、非放射性物質の同位体を数多く検出したのはアスト

図 2-18　アストンの質量分析器(1919 年，キャヴェンディッシュ研究所)(“Isotope” F. W. Aston, Edward Arnold & Co. 1922 より)

図 2-19　1936 年，理化学研究所に招かれたアストン(右から 2 人め)，向かって左隣から長岡半太郎，鈴木梅太郎，高嶺俊夫(U. ラーショーン編，前掲書より)

シュリーファー

クーパー

バーディーン

図2-20　超伝導理論の3人組("Nobel Lectures Physics 1971-1980" World Scientificより)

ンである(図2-18、2-19)。これらの業績により、ソディーは一九二一年、アストンは一九二二年、ノーベル化学賞を受賞している。

さて、ここで今、書きかけた同位体効果に話を戻そう。水銀の同位体の組成比を変えて原子の平均質量Mの異なる試料について、超伝導状態へ転位する臨界温度Tcを求めると、$Tc \times \sqrt{M}$がほぼ一定となったのである。Mが大きいほど低温にしないと、超伝導にはならないことになる。この実験結果は、極低温での原子の熱振動がそこに深くかかわっていることを示唆していた。

超伝導の理論

この点に注目し、一九五七年に超伝導の理論を組み立てたのがバーディーン、クーパー、シュリーファーの三人組である(図2-20)。そして、ここでも量子力学特有の「粒子と波の二重性」が顔を出す。しかも、その解釈の幅をさらに拡大してである。

一般に粒子の集団が相互作用をしながら振動をすると(つまり波動となると)、それ全体が振動数に対応する量子化された(離散的な)エネルギーをもつ、擬似的な〝粒子〟とみなせる。これを「準粒子」と呼ぶ。今の場合、粒子の集団の振動は音波に対応するので、この準粒子をフォノン(音の粒子)という。

さて、電子同士は普通であれば、互いに電気的な反発力を及ぼし合う。ところが、バーディーンらの理論(三人の頭文字を取ってBCS理論と呼ぶ)に従うと、超伝導が起きる臨界温度以下では、二個の電子がフォノンをやり取りしながら対(ペア)を組み、一緒に運動するようになるのである。

この現象は、本来、電気的な反発力が働くはずの陽子同士が原子核の中では、中間子を媒介にして固く結合している状態になぞらえることができる(1章「湯川秀樹と中間子」参照)。そして、すべての電子対(ペア)が同じ運動量をもっていっせいに流れるというのである。これが永久電流の正体になる(さきほど触れたように一個の電子はフェルミ粒子であるが、二個の電子が対を組むとボース粒子として振る舞う。従って、すべての電子対が同じ一つの状態を占めることになる。その意味で、超伝導はボース・アインシュタイン凝縮に似た現象を呈しているといえる)。

そのおおまかなイメージは、およそ次のように表される。導体内の原子は自由電子を放出しているので、正イオンになっている。そのため、電子が通過すると正イオンは電子の方に引き寄せられ、その道すじに沿って正電荷の密度が周囲よりも高くなる。そこに別の電子が引き寄せられ、先行する電子と対を形成することになる。臨界温度以下では、この正イオンの集団的な動きがフォノンとなって電子対を結合しており、その点が導体内を自由電子が流れる普通の電流と本質的に異なるところである。

こうして、オンネスによる発見から半世紀近くを経て、超伝導は理論的に解明された。

物理学における理論と実験

一九七二年、ＢＣＳ理論を提唱した三人にノーベル物理学賞が贈られた(図2-20)。このうち、バーディーンは一九五六年につづく受賞となり、再びストックホルムの晴れ舞台に立ったのである。一回めの受賞理由は「半導体の研究とトランジスター効果の発見」で、ショックレー、ブラッタンとその栄誉を分け合った。ノーベル賞を二回受けた科学者は四人を数えるが、二度の物理学賞はバーディーン一人である(表2-2)。

表 2-2　ノーベル賞を２回受けた科学者

マリー・キュリー	1903 年物理学賞，1911 年化学賞
ポーリング	1954 年化学賞，1962 年平和賞
バーディーン	1956 年，1972 年物理学賞
サンガー	1958 年，1980 年化学賞

加えて彼の存在を際立たせているのは、半導体とトランジスターの研究は実験であるのに対し、超伝導では理論の業績でノーベル賞に輝いたことにある。

というのも、近代科学として最初に確立された物理学はその進歩と相俟って、早くも一九世紀半ばころには、実験家と理論家の分業化がなされつつあった。ノーベル賞の系譜をたどっても、それぞれの業績は明白に二つ(実験と理論)に色分けできる。こうした物理学の特徴を考えると、二〇世紀後半に入って、分業化されて久しい両方の分野で一人の人間がノーベル賞を受賞したことは特筆に値する。

これは見方を変えれば、実験と理論は車の両輪となって物理学を牽引してきたといえる。この点に関連し、ＢＣＳ理論のクーパーがノーベル賞受賞講演で、ポアンカレ(図2-17前列右端)の『科学と仮説』(一九〇二年)の次の一節を引用している。

「学者は秩序をつけるべきである。人が事実を用いて科学を作るのは、石を用いて家を造るようなものである。事実の集積が科学でないことは、石の集積が家でないのと同様である」(河野伊三郎訳、岩波文庫)。

ボース・アインシュタイン凝縮やドゥ・ブローイの物質波(電子の波動性)、湯川の中間子論、ヒッグス粒子の予言などは、理論が先に発表され、後にそれを実証する証拠が見つかった例になる。逆に超伝導や後述する超流動、あるいは素粒子のシータ・タウパズルのように不思議な実験(観測)結果が報告され、それについての理論的解明が進められた事例も数多くある。

ポアンカレの比喩(ひゆ)を借りれば、前者は設計図を描いてから、それにもとづいて石を集め家を建てたことになる。一方、後者は石が用意されてから、それらを秩序立てて家を築き上げる設計図を提示したことに当たる。クーパーのノーベル賞講演は超伝導という課題を通して、物理学におけるこうした理論と実験の相関を教えてくれている。

〝高温〟超伝導の発見

ところで、一九一一年、水銀を用いて超伝導が発見されると、臨界温度Tcが少しでも高い物質を求めてその探索がつづけられたが、純粋の金属ではせいぜい鉛Pbの七・二K、ニオブNbの九・二Kどまりであった(液体水素による冷却範囲。図2-21)。

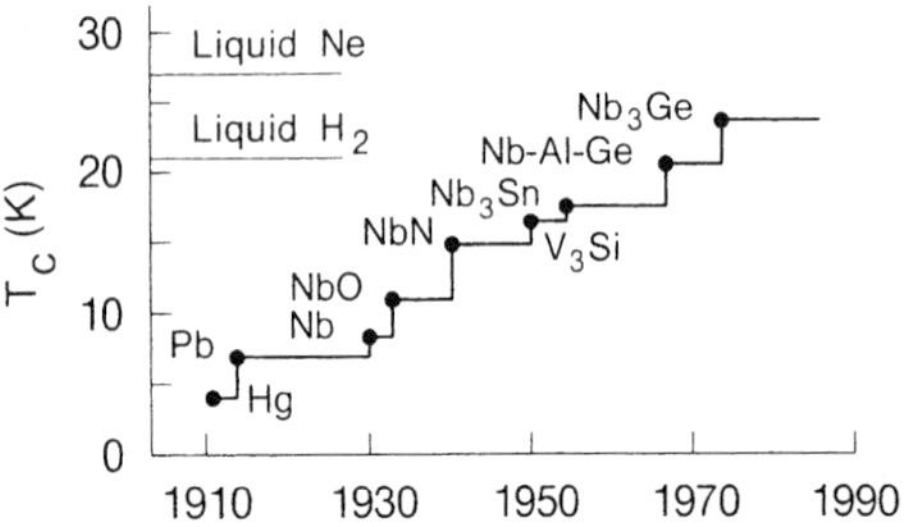

図2-21　超伝導の臨界温度Tcの上昇と超伝導物質(1911年〜1973年)(ベドノルツとミュラーのノーベル賞講演. "Nobel Lectures Physics 1981-1990" World Scientific より)

そこで、合金をターゲットにして実験が試みられた。確かに臨界温度の上昇は認められたものの、それでも一九七三年に測定されたニオブとゲルマニウムの合金(Nb_3Ge)のTc二三・二Kがやっとであった(液体ネオンによる冷却範囲。図2-21)。つまり、六〇年経ってもTcは一九Kしか上昇せず、いささか頭打ちの様相を呈していた。

ところが一九八六年、そんな手詰り状態を打開するブレーク・スルーが起きる。ベドノルツとミュラー(図2-22)がこの年の一月、ランタンLa、バリウムBa、銅Cuの酸化物(La-Ba-Cu-O)が一〇K近くまで温度を下げると、超伝導体となることを発見した。そこで二人は同年四月、バリウムをストロンチウムSrに置き換えた素材(La-Sr-Cu-O)で実験してみたところ、その臨界温度は一気にはね上がり、ネオンの液化温度(二七K)を超える三五Kを記録したのである(図2-23)。しかも、その物質が純粋な金属でも合金でもなく、セラミックスという酸化物の焼き物(陶磁器)であったことが意外であった。

それはとても電気伝導に適しているとは思えない物質であり、ランタンとバリウムあるいはストロンチウムの配合を間違えると、超伝導どころか絶縁体になってしまったのであるから面白い。予断をもって事に当たるなという教訓の見本のような話である。

ミュラー　ベドノルツ

図2-22　高温超伝導を発見した2人("Nobel Lectures Physics 1981-1990" より)

さて、臨界温度がネオンの液化温度を上まわれば、七七Kで液化する窒素を用いて超伝導の実現が可能になる。普通、この温度を〝高温〟とはいわないが、ヘリウムの液化温度に比べれば相対的にははるかに高いことから、ベドノルツとミュラーの発見は「高温超伝導」と呼ばれた。

また、高価な液体ヘリウムに対し液体窒素は安価で取り扱いやすいため、実験もその分容易となる。加えて、混ぜ合わせる試料の配合を試行錯誤を繰り返しながら調節して、電気炉で焼けばセラミックスがつくれるという

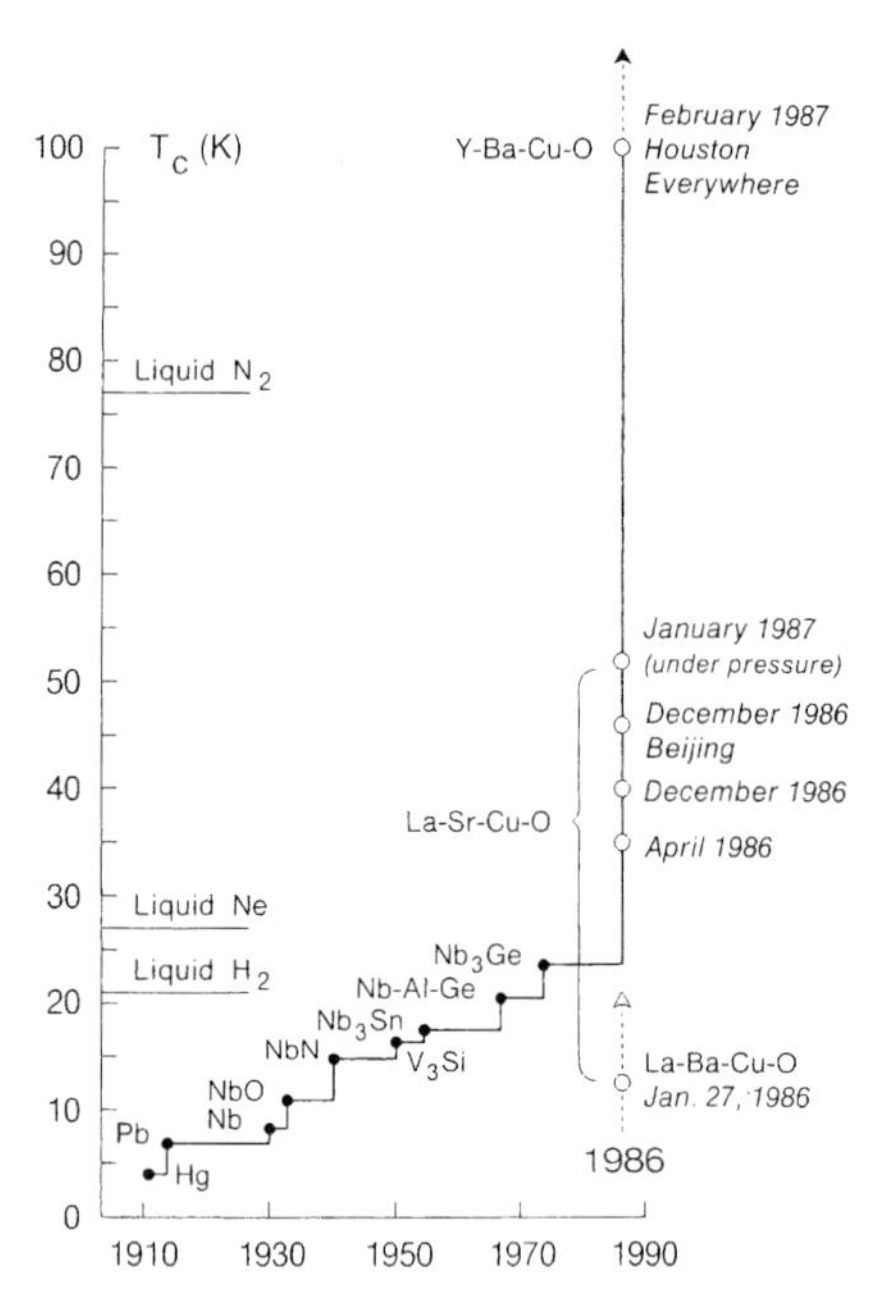

図 2-23　1986 年に起きた超伝導の臨界温度 Tc の急上昇(ベドノルツとミュラーのノーベル賞講演より)

手軽さから、これを契機に多くの研究者が競ってこの分野に参入してきたのである。

それに伴って、臨界温度も急上昇をつづけ、一九八七年早々には複数のグループがイットリウムYを混ぜたセラミックス(Y-Ba-Cu-O)で窒素の液化温度よりも高い九二Kの臨界温度を実現している(図2-23、2-24)。六〇年かかって一九Kしか上がらなかった値が、たった一年で七〇K近くも高くなったわけである。

図2-16(一九一一年、オンネス)と図2-24を比べると、温度に対する電気抵抗の変化の仕

方は相似であるが、臨界温度は二〇倍以上もはね上ったことが分かる。まさにブレーク・スルーという言葉を象徴するような出来事であった。

一九八七年(高温超伝導の発見からわずか一年後)、早くもベドノルツとミュラーにノーベル物理学賞が贈られた事実がそれを物語っている。

なお、彼らの業績は新たな謎をうみ出した。高温超伝導はBCS理論では説明がつかないのである。そのメカニズム解明は二一世紀の重要な課題として残されている。

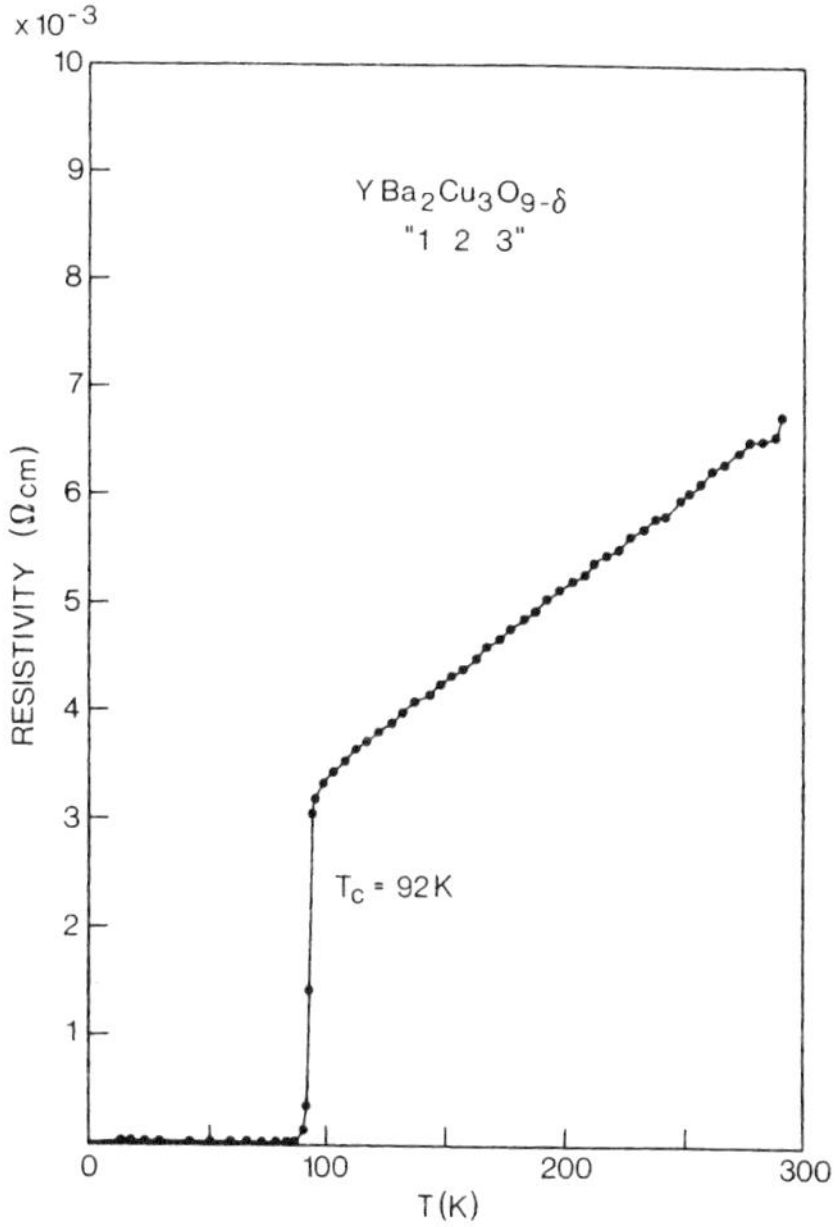

図2-24　抵抗が92Kで0になることを示す $Yba_2Cu_3O_7$ のデータ(ベドノルツとミュラーのノーベル賞講演より)

超流動の発見とカピッツァのノーベル賞講演

さて、液体ヘリウムの温度領域で起きるもう一つ不思議な現象に、すでに名前をあげたカピッツァ(図2-13)が一九三七年に発見した「超流動」がある。液体ヘリウムは二・二Kまで温度が下がると粘性がなくなり、圧力をかけなくても毛細管やスリットを簡単にすり抜けてしまうのである。また、容器に入れておいても、それはアメーバのように内壁を伝わってはい上がり、外へ流れ出るといった驚きの振る舞いをみせた。

超伝導の発見では液体ヘリウムは冷却手段として用いられたわけであるが、超流動の方はそれ自身が極低温で示す性質になる(図2-25)。

カピッツァはその後(一九三九年)、大量の液体空気を効率よくつくる装置を開発し、低温技術の工業化にも多大な貢献を果たしている。カピッツァは一九七八年、「低温物理学の基礎的研究」でノーベル物理学賞を受けるが(表2-1)、そこには超流動の発見という純粋物理学の業績とともに応用分野での仕事も評価されていたのである。

ところで、このときカピッツァが行った受賞講演はいささか異色というか、ノーベル賞の慣例に反するものとなった。まず、そのタイトルからして妙である。それは「プラズマと制御された熱核反応」となっており、超流動も低温物理も出てこない。そして、講演内容はタ

図 2-25　超流動の実験中のカピッツァ(右)．左は助手のフィリモノフ，1940 年(“Landau A Great Physicist and Teacher” A. Livanova, Pergamon Press より)

イトルどおり、初めから終わりまでノーベル賞の受賞理由とは無縁のものであった。

カピッツァは講演を次のように始めている。

「ノーベル賞講演のテーマを選ぶに当たって、私はだいぶ悩みました。普通、講演は受賞理由となった研究に関連した話をするものだからです。私の場合、それは絶対零度から数度上でヘリウムが液化する低温物理学でした。しかし、私が所長をつとめる研究所では今でも、低温物理の研究がつづけられてはいますが、私自身は三〇年ほど前にこの分野から手を引いてしまいました。今、私は熱核反応を起こすのに必要な超高温でのプラズマ現象を研究しています。

この研究は興味深い結果をもたらし、新しい可能性を開きました。そこで、講演のテーマとしては、私が昔行っていた低温物理の研究よりも、こちらの方がはるかに興味を抱いていただけるものと思った次第です」("Nobel Lectures Physics 1971-1980" World Scientific)。

ここでいう熱核反応とは、太陽(恒星)の内部で行われている核融合のことである。水素の電離した気体(プラズマ)を超高温、高密度の状態で閉じ込めると核融合が進行し、反応前に比べて反応後の原子核の質量がわずかに減少する。その減少分がアインシュタインの有名な式「$E=mc^2$」に従って、エネルギーとなって放出される。これが太陽が燃え、輝いているメカニズムである(原子炉で利用される重い元素の核分裂と逆のプロセスになる)。

一九六〇年ころから、この核融合を人工的に制御して、新しいエネルギー源の開発をめざす研究が行われるようになってきた。カピッツァは当時、その一翼を担っており、ノーベル賞講演のタイトルはまさにそれを表していた。

図2-26は旧ソ連でそのころ開発された「トカマク」と呼ばれる実験炉であるが、カピッツァはノーベル賞講演でわざわざ、この図を示している。ドーナツ状の装置の中にプラズマを入れ、磁場でその動きを制御して、核融合を起こそうとする試みである。このとき必要な温度は一億Kから一〇億Kに達すると、カピッツァは語っている。それは超流動が起きる温

度とは真逆の世界である。

本人が語るように、ノーベル賞の受賞時、カピッツァの関心が核融合炉の開発に向けた研究に移っていたことは分かるが、とはいっても、ストックホルムの晴れ舞台で栄誉に輝いた業績にまったく触れないというのは、いささか奇異な印象を禁じ得ない。しかも、研究対象が低温と高温というコントラストをなすだけに、そうした思いはいっそう強くなる。

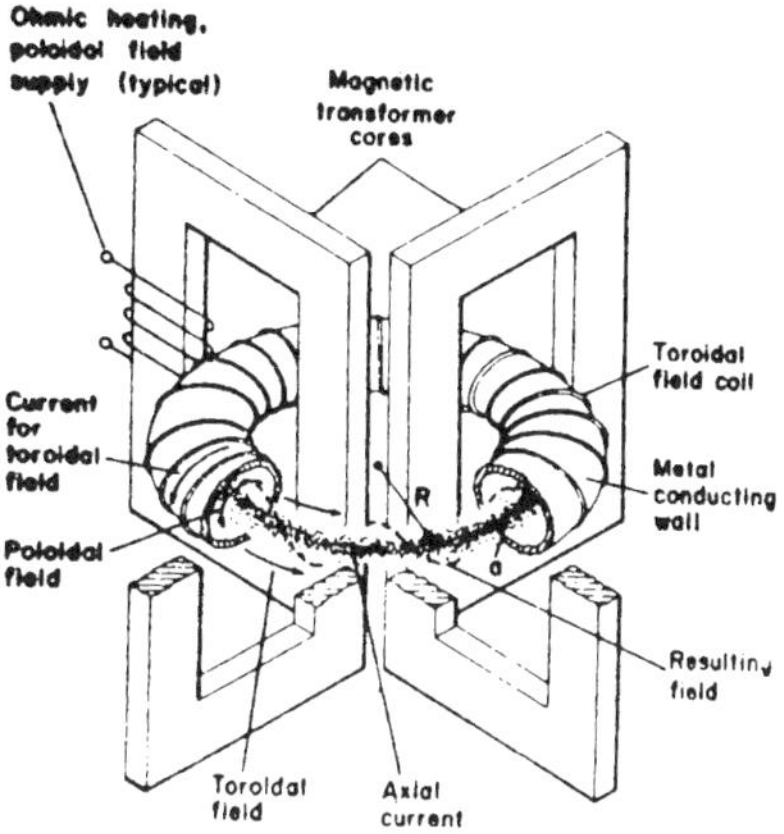

もう少し書くと、敢えて受賞理由とは無関係のテーマで受賞講演を行ったカピッツァには、なにか含むところがあったのであろうかと勘繰りたくもなる。そうしたカピッツァの胸の内を忖度するとき、浮かび上がってくるのが一九六二年、ランダウに贈られたノーベル賞である(表2-1)。

(なお、カピッツァは件のノーベル賞講演で、化石燃料の枯渇による世界的なエネ

図 2-26 トカマク(カピッツァのノーベル賞講演より)

ルギー危機の到来を考えると、将来、熱核反応の制御は新しいエネルギー源として期待されると述べているが、今もって、核融合炉の実用化はなされていない)。

超流動の理論とランダウのノーベル賞受賞

一九四一年、液体ヘリウムの超流動を解明する理論を発表したのが、ランダウである(図2-27)。液体力学という分野はすでに古典物理学の中で確立されていたが、ランダウは液体の運動に量子力学を適用するという新しい視点でこの問題に挑んだ。超伝導のところで音波を量子化したフォノンという準粒子(粒子と波の二重性にもとづく擬似的な粒子)の話をしたが、ランダウは超流動体の中で生じる渦(回転運動)も準粒子として扱えると考えた。ランダウがこの考えをセミナーで発表したとき、それを「ロトン」と呼べばよいと提言したのはタム(一九五八年、「チェレンコフ効果の発見」でノーベル物理学賞受賞)である(A. Livanova, 前掲書)。

図2-27　思索中のランダウ
(“Landau The Physicist and the Man” ed. by I. M. Khalatnikov, Pergamon Press より)

図 2-28　ランダウに贈られたノーベル賞の賞状
(I. M. Khalatnikov, 前掲書より)

そして、液体ヘリウムがフォノンとこのロトンという準粒子から成る〝気体〟とみなすと、超流動のさまざまな現象が説明できることをランダウは示したのである。この業績により、一九六二年、ランダウはノーベル物理学賞を受賞した(図2-28)。

ところが、彼は晴れの舞台に姿を現すことはなかった。その年の一月七日、モスクワ郊外で交通事故にあい、瀕死の重傷を負っていたからである。かろうじて一命はとりとめたものの、一二月一〇日に行われた授賞式への出席はかなわなかった。

二〇世紀を代表する理論物理学者の一人であるランダウが、不慮の事故で重態に陥ったというニュースは世界の物理学界を駆け巡った。おそらく、この出来事がノーベル賞の選考に少なからず影響を及ぼしたことは間違いない。ノーベル賞は故人には贈られない。であるとすれば、この希代の天才がノーベル賞の系譜からはずれないようにするには、事を急がなければならないと選考委員会が判断したとしても不思議はない。

この年、授賞のことばを述べたヴァルレル（スウェーデン王立科学アカデミー）はランダウの超流動理論について解説を行った後、受賞者がストックホルムに来られなかった理由に触れている。そして、ランダウの一日も早い回復を祈ると語って、授賞のことばを締め括っている。しかし、ランダウは研究に復帰することはおろか、ベッドから離れることもかなわぬまま、ノーベル賞受賞から六年後、六〇歳で亡くなったのである。

ところで、今から振り返ると、一九六二年のノーベル物理学賞はランダウ一人ではなく、カピッツァとの同時受賞にした方が収まりがよかったような気がする。前述したように、物理学は実験と理論を車の両輪として発展してきた。従って超流動の場合、カピッツァの実験とランダウの理論がさほど間を置かずに発表されたわけであるから、この二人を組み合わせれば、賞に豪華な一体感をもたらせたはずである。

しかし、実際はランダウの運命に気をとられすぎたせいか、彼の単独受賞となった。理論だけがスポットライトを浴び、先行していた実験の方は置き去りにされてしまったのである。結果、ノーベル賞選考委員会はその後カピッツァへの授賞のタイミングを見つけるのに苦慮することになる。

そのタイミングはやっと一九七八年に訪れた。この年、カピッツァは「宇宙背景放射」を発見したペンジャス、ウィルソンの二人と一緒にノーベル物理学賞を贈られたのである。

この組み合わせ、一見、首を傾げたくなるが、宇宙背景放射(詳しくは4章で論じる)とはビッグバンを起こしたときの宇宙に充満していた高エネルギーの放射(電磁波)が、宇宙の膨張とともにエネルギーを下げ、現在では温度に換算すると約二・七Kの低温になった電波である。ビッグバンの痕跡を刻む〝冷たい光〟といえる。そして、その換算温度がヘリウムが超流動となる臨界温度二・二Kにほぼ等しいことに気がつく。

超流動と宇宙背景放射に何の脈絡もないが、低温をキーワードにして同時受賞となったわけである(いささか落語の落ちのような話である)。ではあるものの、これほど異なる二つの領域の研究を――かなり、こじつけに近い理由で――結びつけ、同時受賞としたのは、ノーベル賞の歴史の中できわめて異例といえる。

この年、カピッツァは八四歳の高齢に達していた。それだけに彼の場合も、選考委員会としては事を急ぐ必要があった。超流動の発見者を顕彰しないまま終わらせるわけにはいかないからである。いわば苦肉の策といえよう。という事情で、一九七八年のノーベル物理学賞は決着をみたのではないかと思う。

そう考えると、いささか皮肉まじりに受賞講演を行ったカピッツァの胸のうちがうかがえるようであるが、如何(いかが)であろうか。

ヘリウム3の超流動

ところで、ヘリウムには二つの安定な同位体がある。質量数が4の^{4}Heと3の^{3}Heである。前者は原子核に含まれる陽子と中性子が二個ずつであるのに対し、後者の原子核は二個の陽子と一個の中性子でできている。組成比でいうと、ヘリウムのほとんどが^{4}Heで、^{3}Heはわずか一〇〇万分の一程度しか存在しない。

カピッツァがその現象を発見し、ランダウがロトンという準粒子を導入して理論的解明を行ったのはヘリウム4の超流動である。もう一方のヘリウム3も超流動を示すのであるが、それがリー、オシェロフ、リチャードソンによる実験で実現されたのは、ヘリウム4から遅れること三四年めの一九七一年であった(図2-29)。

リー

オシェロフ

リチャードソン

図2-29　ヘリウム３の超流動に成功した３人（“Nobel Lectures Physics 1996-2000” World Scientific より）

一般に質量数が偶数の同位体はボース粒子、奇数の場合はフェルミ粒子となる。つまり、ヘリウム４はボース粒子、ヘリウム３はフェルミ粒子に属する。そして前述したように、ボース粒子とフェルミ粒子ではエネルギー状態の占め方に本質的な違いが見られるため、超流動のメカニズムもヘリウム４と３では異なってくるわけである。

さて、ＢＣＳ理論が発表されると、二個の電子が対を組むことにより超伝導が生じることが明らかにされた。そこで、電子と同じフェルミ粒子であるヘリウム３も二個ずつが一組となり、両者が同じ速度で移動することにより超流動を示すのではないかと予想された。

ただし、同じフェルミ粒子であっても、ヘリウム３の質量は電子の五〇〇〇倍以上も重い。そのため、二個のヘリウムが対を形成する臨界温度は超伝導に比べ桁（けた）違いに低く、その値は一〇〇〇分の一Kのオーダーと見積もられた。これほどの極低温をつくり出すには、それなりの時間を要したのである。

やっと一九七一年に、さきほど名前をあげた三人がポメランチュク効果と呼ばれる温度降下現象を応用した低温技術を開発し、予想されていたヘリウム3の超流動を確認したのである(図2-30)。

図2-30　実験室でのオシェロフ, 1972年
(オシェロフのノーベル賞講演より)

二〇〇三年のノーベル物理学賞

以上、極低温領域で現れる超伝導と超流動について述べてきたが、二〇〇三年のノーベル物理学賞は、それを総括するような形で、この分野の先駆的研究に貢献したアブリコソフ、ギンツブルク、レゲットの三人に贈られた(図2-31)。

一九三三年、マイスナーとオクセンフェルトは超伝導体に弱い磁場をかけると、磁力線が超伝導体の中まで侵入せず、外へはじき出される現象(マイスナー効果)を発見した。ところ

アブリコソフ　　ギンツブルク　　レゲット

図2-31　2003年のノーベル物理学賞受賞者(“Nobel Lectures Physics 2001-2005” World Scientific より)

が、磁場を強くしていくとある臨界値で磁力線は導体内部に侵入し、超伝導状態は消失する。つまり、常伝導状態に変化してしまう。一九五〇年、ギンツブルクはランダウと共同研究を行い、臨界磁場を超えると超伝導状態が破られるメカニズムを説明する理論を発表した。

一方、合金の中には、外部磁場を強くしていくとある値で磁力線が導体内部に侵入し始め、超伝導と常伝導が混在するものがある(さらに磁場を強くすると、完全に常伝導状態への転移が起きる)。一九五四年、ギンツブルク―ランダウ理論にもとづいて、この混在現象を説明する理論を提示したのがアブリコソフになる。

なお、ギンツブルクとランダウはオーダーパラメータと呼ばれる無次元の量を導入して超伝導状態が示す秩序の度合を表したのであるが、この考えを応用し、ヘリウム3の原子が対をなすメカニズム(超伝導状態で電子が形成する対とはタイプが異なる）を明らかにして、超流動の理論を組み立てたのがレゲットである。さきほど、この年のノーベル物理学賞の歴史的位置づけについて触れたが、こうして見てくると、あらためてランダウの存在の大きさを思い知らされるようである。

ガイム　ノボセロフ

図2-32　2次元物質グラフェンをつくった２人（"Nobel Lectures Physics 2006-2010" World Scientific より）

ノーベル賞とイグノーベル賞

さて、現代科学が研究対象とする〝超〟と〝極〟の世界は、もちろん、今まで述べてきた低温物性に限るものではない。この二つのキーワードを地でいくような研究の一つに、二〇一〇年、ノーベル物理学賞を贈られたガイムとノボセロフのいささか毛色の変わった業績がある（図2-32）。

二〇〇四年、彼らは「グラフェン」と呼ばれる炭素だけからなる〝極超薄膜〟をつくり出すのに成功した。で、それはどれくらい薄いのかというと、驚くなかれ、その厚みたるやなんと原子一個分しかない。これ以上は薄くできないという極限に達した物質である。

その結晶構造は炭素原子が六角形の蜂の巣型に並んでおり、二次元平面を形成している(図2-33)。だから薄いのである。グラフェンで一平方メートルのシートをつくったとしても、その重さはわずか〇・七七ミリグラムにしかならないという軽さである。にもかかわらず、強度にすぐれ、熱伝導度と電子の移動度も高いという特徴が報告されている。

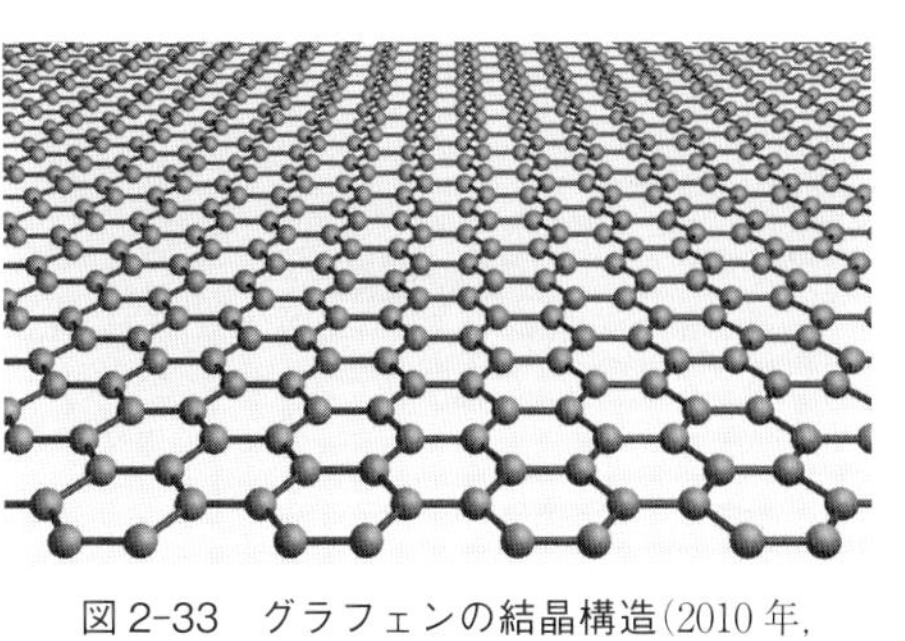

図2-33　グラフェンの結晶構造(2010年，ノボセロフのノーベル賞講演より)

理論上は、二次元構造の単層物質は厚みがないので、平面内の原子の熱運動のゆらぎにより安定に存在できないと考えられていた。その意味でも、グラフェンは常識を破る物質であった(それだけ平面内での炭素原子の結合が強固なわけである)。

このグラフェンが幾重にも層を成す物質が天然に存在するグラファイト(黒鉛。鉛筆の芯の原材)である。いわば〝ミルフィーユ〟のような構造をしているわけであるが、グラファイトの層と層は弱いファン・デル・ワールス力(原子間の力)により結合されているだけなので、層状に剝

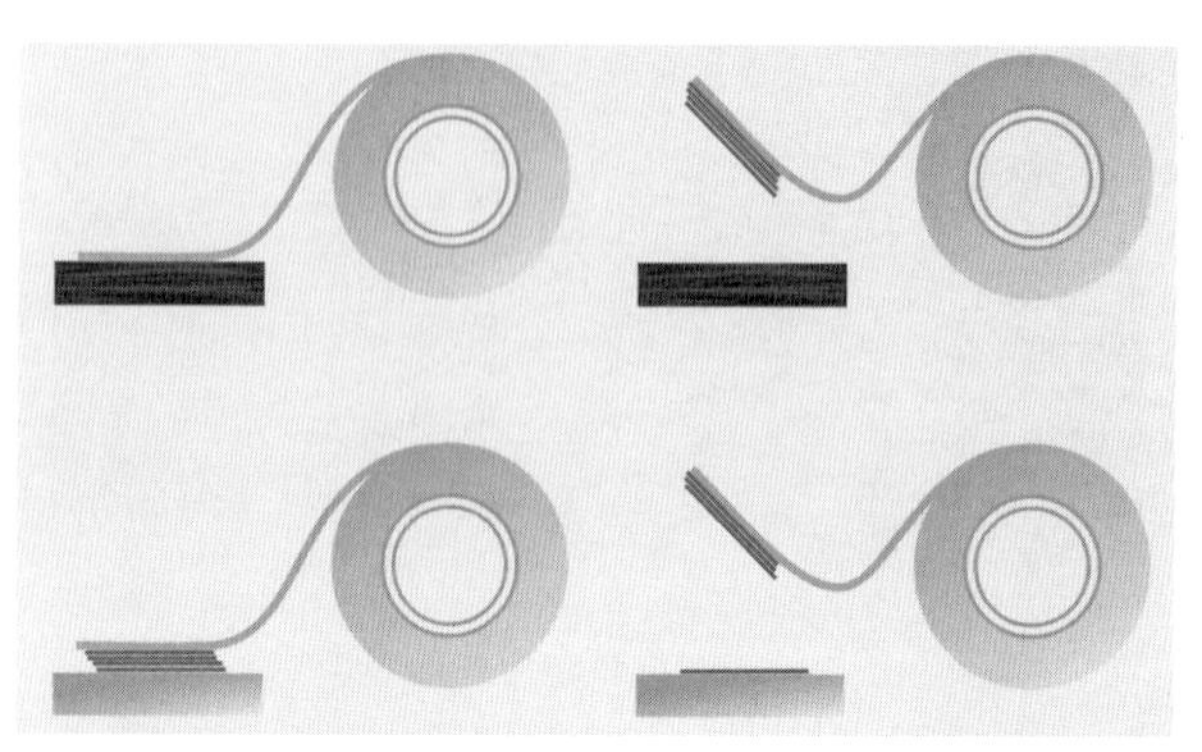

図 2-34　スコッチテープ法(ノボセロフのノーベル賞講演より)

離(り)しやすい。この性質を利用してグラファイトの薄いシートをつくる実験が二〇世紀後半から試みられてはきた。しかし、数十層の厚みまでもってくるのが――これでも十分薄いのだが――精一杯であった。

この壁を破り、一気に単層のグラファイト、つまりグラフェンをつくったのがガイムとノボセロフというわけである。さらに、グラフェンの構造と性質への関心もさることながら、彼らが考案したグラフェンのつくり方がこれまた実に面白い。それは「スコッチテープ法」と名づけられた(図2-34)。スコッチテープとは紙を貼るのに使う、あの文房具である。

まず、スコッチテープを使ってグラファイトの塊(かたまり)から、接着部分の数層を引きはがす(図の左上と右上)。つづいて引きはがした薄片のついたテープを、下地となる物質に押しつける(図の左下)。そして、下地にのせた薄片から、再びテープを使ってさらに薄い層を引きはがす(図の右下)。この手順の繰り返しにより、グラフェンは得られたのである。

「え、それで本当にノーベル賞⁉」と思わず呟きたくなるような、遊び心あふれる研究である。遊び心といえば、それはガイムのノーベル賞講演にも現れている。まず、講演のタイトルからして人を食ったような印象を与える。いわく、「グラフェンに至るふらふら歩き」(Random Walk to Graphene)である。

そのふらふら歩きの道すがら、ガイムは二〇〇〇年にイグノーベル賞を受賞している(この賞は遊び心を感じるゆかいな研究を対象としたノーベル賞のパロディ版)。彼の受賞理由は、磁性体の性質を利用してカエルを水の上で浮揚させるのに成功した実験である(図2-35)。因みに、ノーベル賞を二回受賞した科学者は四人をかぞえるが(表2-2)、ノーベル賞とイグノーベル賞の両方を贈られたのはガイム一人である。

ガイムはノーベル賞講演でイグノーベル賞についても触れ、カエルは飛ぶこと——跳ぶではなく、“fly”の方——をおぼえたと語っている。ストックホルムで行われた彼の講演は、さぞや笑いに包まれたことと思う。

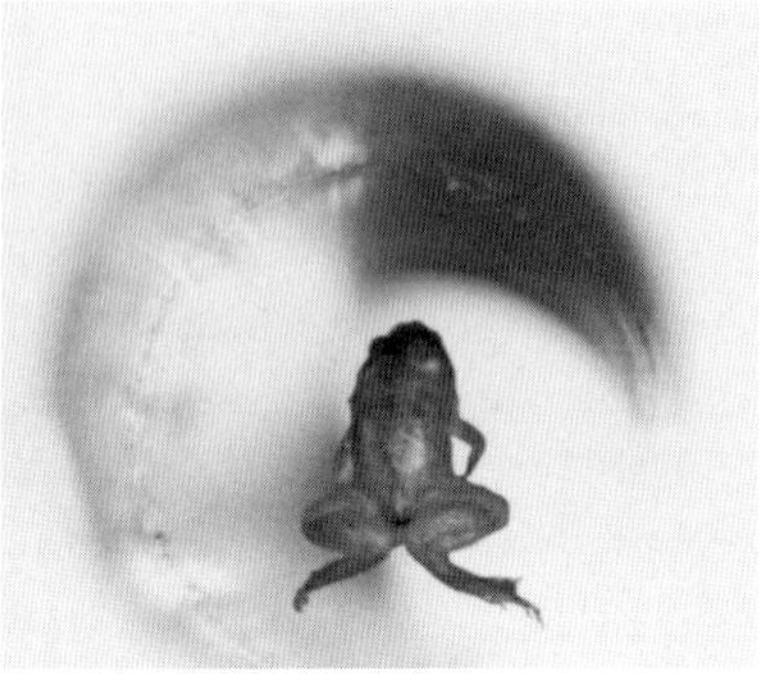

図2-35 “飛ぶ”カエル(ガイムのノーベル賞講演より)

ところで、よく目にする身近な物理現象に関心をもち、門下生たちに「ねえ君、不思議だと思いませんか?」と常に問い掛けていたのは、寺田寅彦である(そういえば、夏目漱石が『吾輩は猫である』に登場させた水島寒月なる物理学者は寺田寅彦がモデルとされ、「蛙の眼玉の電動作用に対する紫外光線の影響」という研究を行っている。ただし、本当にこんな影響がカエルに見られるのか否かは知らないが)。ガイムとノボセロフの姿勢には科学とは楽しむものであるという点で、寺田物理学に通じるものがある。

今日、ノーベル賞級の研究ともなると、ハイテクを駆使した精密で大がかりな装置を使ったビッグサイエンス化の傾向著しいが(特に1章で取り上げた素粒子実験などは、その象徴といえる)、それとは対極的にグラファイトとスコッチテープから魅力的な新素材をつくり出した離れ業には驚かされる。寺田寅彦が問い掛けたとおり、身近な意外なところに意外な不思議が潜んでいるものだと思う。

二〇一〇年のノーベル物理学賞は、そうした現代科学の意外で多彩な一面を気付かせてくれるものとなった。

3章　ノーベル賞に映る生命の神秘

Design and synthesis of a minimal bacterial genome

Clyde A. Hutchison III,[1*†] Ray-Yuan Chuang,[1†‡] Vladimir N. Noskov,[1] Nacyra Assad-Garcia,[1] Thomas J. Deerinck,[2] Mark H. Ellisman,[2] John Gill,[3] Krishna Kannan,[3] Bogumil J. Karas,[1] Li Ma,[1] James F. Pelletier,[4§] Zhi-Qing Qi,[3] R. Alexander Richter,[1] Elizabeth A. Strychalski,[4] Lijie Sun,[1||] Yo Suzuki,[1] Billyana Tsvetanova,[3] Kim S. Wise,[1] Hamilton O. Smith,[1,3] John I. Glass,[1] Chuck Merryman,[1] Daniel G. Gibson,[1,3] J. Craig Venter[1,3*]

We used whole-genome design and complete chemical synthesis to minimize the 1079–kilobase pair synthetic genome of *Mycoplasma mycoides* JCVI-syn1.0. An initial design, based on collective knowledge of molecular biology combined with limited transposon mutagenesis data, failed to produce a viable cell. Improved transposon mutagenesis methods revealed a class of quasi-essential genes that are needed for robust growth, explaining the failure of our initial design. Three cycles of design, synthesis, and testing, with retention of quasi-essential genes, produced JCVI-syn3.0 (531 kilobase pairs, 473 genes), which has a genome smaller than that of any autonomously replicating cell found in nature. JCVI-syn3.0 retains almost all genes involved in the synthesis and processing of macromolecules. Unexpectedly, it also contains 149 genes with unknown biological functions. JCVI-syn3.0 is a versatile platform for investigating the core functions of life and for exploring whole-genome design.

図3-1　「最小バクテリアゲノム」の論文のアブストラクト部分(“Science”25 March 2016より)

生命と物質

二〇一六年、アメリカのJ・クレイグ・ベンタ研究所などのチームが『サイエンス』に、「細菌の最小ゲノムの設計と合成」と題する論文を発表した(図3-1)。

彼らは二〇一〇年、すでにマイコプラズマ・ミコイデスという細菌のゲノム(DNAに組み込まれた全遺伝情報)を別の細菌に移植し、自己増殖させる実験に成功している。その成果を踏まえ、この細菌から生存、増殖に不可欠と考えられる四七三個の遺伝子を選び出し(図3-1の傍線箇所、引用者)、それを再び別の細菌に移植して、自己増殖させる実験を行ったというのである。

こうして必要最小限のゲノムを人間が設計し、化学的に合成することによって人工的に造られた細菌は、自然界に存在するどの生物よりも遺伝子の数が少なかった(図3-2)。その結果、不要な遺伝子があらかじめ除去されているため、個々の遺伝子がどのような働きをするのか解析しやすくなったという利点が得られたのである。

ではあるが、一方において、神ならぬ身の人間が操作を施して、自然界には存在しない生命体を造り出してしまうという科学の潮流には、十分な注意と慎重な対応が求められる。予断できない未知の領域に足を踏み入れてしまったからである。

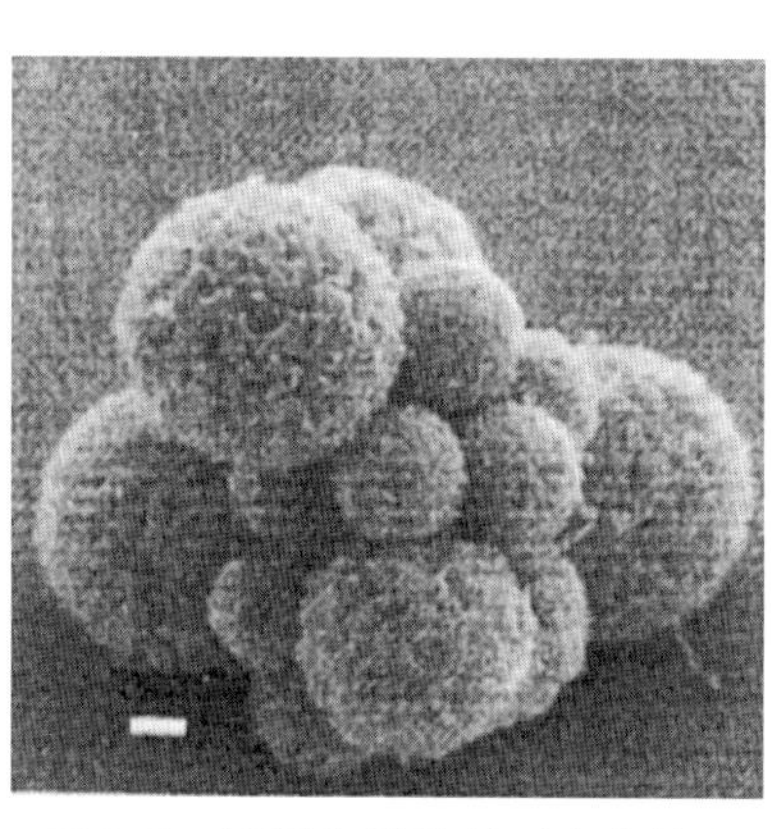

図3-2　人工的にデザインされたゲノムをもつ細菌のクラスター("Science" 25 March 2016 より)

そもそも、論文のタイトルにある「設計」(Design)や「合成」(Synthesis)という用語は本来、何か物を組み立てたり、素材をつくり出すときに使われる言葉である。

にもかかわらず、生命科学の分野でこうした用語が使われるようになった背景には、生命の構造、機能、性質の解明も基本的には、物質科学の範疇(はんちゅう)に取り込めるという捉え方がある。それは唯物論に立脚した自然観といえる。

実際、生物の遺伝情報を担うDNAはデオキシリボ核酸と呼ばれる高分子(多数の分子が連なった物質)である。これはヌクレオチドという一塊(ひとかたまり)の単位の集合体で、ヌクレオチドは糖(デオキシリボース)、リン酸、塩基の三つの化合物が結合して構成されている。というわけで、DNA自体は生命体ではなく、染色体の中に折り込まれた物質にすぎないが、遺伝という生物特有の現象がこれによって決定されるわけである。この点を勘違いしないよう注意する必要がある。

以前、イギリスの生物学者リチャード・ドーキンスが一九七六年に著した『利己的な遺伝子』(The Selfish Gene)という本が、ずいぶん話題になった(日高敏高他訳、紀伊國屋書店)。生物のさまざまな行動をマクロの個体からミクロの遺伝子(DNA)に移し変えて論ずるという、目から鱗(うろこ)が落ちるような視点で書かれた一冊である。

それによると、生物の行動はすべて遺伝子の〝利己的〟な振る舞いの現れとして見れば、説明がつくというのである。生物は個体が死んでも世代交代を通し、遺伝子自身は生き残れるよう、個体を支配しているという考え方である。つまり、生物の主体は個体にあるのではなく遺伝子の方にあり、個体は遺伝子を親から子へと伝える入れ物にすぎないことになる。

もちろん、こうした説明は比喩であり、レトリックである。ところが、〝利己的〟という擬人化したそれらしい表現が多用されているため、あたかも遺伝子自体が〝意志〟をもって個体を制御する〝生き物〟であるかのような誤解をする人がいた(まあ、それだけ、ドーキンスの筆の運びが巧みであったといえるが)。

繰り返しになるが、そうではなく、DNA自体は高分子の物質にすぎない。だからこそ、物質の研究を通して培われ、高度に発展してきた実験手法が、生命科学にも適用され、成果を収めているわけである。本章の冒頭にあげた細菌の最小ゲノムの設計と合成は、そうした現代の生命科学の特徴を端的に表している。

図 3-3 手づくりの DNA の分子模型を前にしたワトソン(左)とクリック.キャヴェンディッシュ研究所(U. ラーション編, 前掲書より)

物質科学と生命科学の融合

DNAが二重らせん構造をしていることは、今日、よく知られている。一九五三年、

No. 4356 April 25, 1953 NATURE 737

equipment, and to Dr. G. E. R. Deacon and the captain and officers of R.R.S. *Discovery II* for their part in making the observations.

[1] Young, F. B., Gerrard, H., and Jevons, W., *Phil. Mag.*, 40, 149 (1920).
[2] Longuet-Higgins, M. S., *Mon. Not. Roy. Astro. Soc., Geophys. Supp.*, 5, 285 (1949).
[3] Von Arx, W. S., Woods Hole Papers in Phys. Oceanog. Meteor., 11 (3) (1950).
[4] Ekman, V. W., *Arkiv. Mat. Astron. Fysik. (Stockholm)*, 2 (11) (1905).

MOLECULAR STRUCTURE OF NUCLEIC ACIDS

A Structure for Deoxyribose Nucleic Acid

WE wish to suggest a structure for the salt of deoxyribose nucleic acid (D.N.A.). This structure has novel features which are of considerable biological interest.

A structure for nucleic acid has already been proposed by Pauling and Corey[1]. They kindly made their manuscript available to us in advance of publication. Their model consists of three intertwined chains, with the phosphates near the fibre axis, and the bases on the outside. In our opinion, this structure is unsatisfactory for two reasons: (1) We believe that the material which gives the X-ray diagrams is the salt, not the free acid. Without the acidic hydrogen atoms it is not clear what forces would hold the structure together, especially as the negatively charged phosphates near the axis will repel each other. (2) Some of the van der Waals distances appear to be too small.

Another three-chain structure has also been suggested by Fraser (in the press). In his model the phosphates are on the outside and the bases on the inside, linked together by hydrogen bonds. This structure as described is rather ill-defined, and for this reason we shall not comment on it.

We wish to put forward a radically different structure for the salt of deoxyribose nucleic acid. This structure has two helical chains each coiled round the same axis (see diagram). We have made the usual chemical assumptions, namely, that each chain consists of phosphate diester groups joining β-D-deoxyribofuranose residues with 3′,5′ linkages. The two chains (but not their bases) are related by a dyad perpendicular to the fibre axis. Both chains follow right-handed helices, but owing to the dyad the sequences of the atoms in the two chains run in opposite directions. Each chain loosely resembles Furberg's[2] model No. 1; that is, the bases are on the inside of the helix and the phosphates on the outside. The configuration of the sugar and the atoms near it is close to Furberg's 'standard configuration', the sugar being roughly perpendicular to the attached base. There is a residue on each chain every 3·4 A. in the z-direction. We have assumed an angle of 36° between adjacent residues in the same chain, so that the structure repeats after 10 residues on each chain, that is, after 34 A. The distance of a phosphorus atom from the fibre axis is 10 A. As the phosphates are on the outside, cations have easy access to them.

This figure is purely diagrammatic. The two ribbons symbolize the two phosphate—sugar chains, and the horizontal rods the pairs of bases holding the chains together. The vertical line marks the fibre axis

The structure is an open one, and its water content is rather high. At lower water contents we would expect the bases to tilt so that the structure could become more compact.

The novel feature of the structure is the manner in which the two chains are held together by the purine and pyrimidine bases. The planes of the bases are perpendicular to the fibre axis. They are joined together in pairs, a single base from one chain being hydrogen-bonded to a single base from the other chain, so that the two lie side by side with identical z-co-ordinates. One of the pair must be a purine and the other a pyrimidine for bonding to occur. The hydrogen bonds are made as follows: purine position 1 to pyrimidine position 1; purine position 6 to pyrimidine position 6.

If it is assumed that the bases only occur in the structure in the most plausible tautomeric forms (that is, with the keto rather than the enol configurations) it is found that only specific pairs of bases can bond together. These pairs are: adenine (purine) with thymine (pyrimidine), and guanine (purine) with cytosine (pyrimidine).

In other words, if an adenine forms one member of a pair, on either chain, then on these assumptions the other member must be thymine; similarly for guanine and cytosine. The sequence of bases on a single chain does not appear to be restricted in any way. However, if only specific pairs of bases can be formed, it follows that if the sequence of bases on one chain is given, then the sequence on the other chain is automatically determined.

It has been found experimentally[3,4] that the ratio of the amounts of adenine to thymine, and the ratio of guanine to cytosine, are always very close to unity for deoxyribose nucleic acid.

It is probably impossible to build this structure with a ribose sugar in place of the deoxyribose, as the extra oxygen atom would make too close a van der Waals contact.

The previously published X-ray data[5,6] on deoxyribose nucleic acid are insufficient for a rigorous test of our structure. So far as we can tell, it is roughly compatible with the experimental data, but it must be regarded as unproved until it has been checked against more exact results. Some of these are given in the following communications. We were not aware of the details of the results presented there when we devised our structure, which rests mainly though not entirely on published experimental data and stereochemical arguments.

It has not escaped our notice that the specific pairing we have postulated immediately suggests a possible copying mechanism for the genetic material.

Full details of the structure, including the conditions assumed in building it, together with a set of co-ordinates for the atoms, will be published elsewhere.

We are much indebted to Dr. Jerry Donohue for constant advice and criticism, especially on interatomic distances. We have also been stimulated by a knowledge of the general nature of the unpublished experimental results and ideas of Dr. M. H. F. Wilkins, Dr. R. E. Franklin and their co-workers at

図3-4　ワトソンとクリックの論文
（“Nature” 1953年4月25日号より）

『ネイチャー』に発表した論文でそれを明らかにしたのは、ワトソンとクリックである(図3-3)。その論文は「生物学的に見てきわめて興味深く斬新なDNAの構造を提唱したい」という書き出しで始まる、わずか一頁の報告であった(図3-4)。この業績が一九六二年、二人に贈られるノーベル医学生理学賞につながるのである。

ワトソンとクリックがDNAの構造を突き止める手がかりとなったのは、ウィルキンズともう一人、女性科学者のフランクリンがそれぞれ、『ネイチャー』にワトソンらの論文につづいて発表したDNAのX線回折写真であった(図3-5。ウィルキンズも一九六二年、ノーベル賞を受けている)。

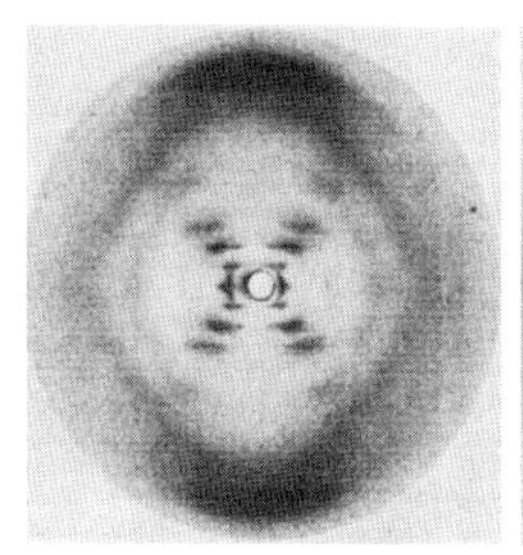
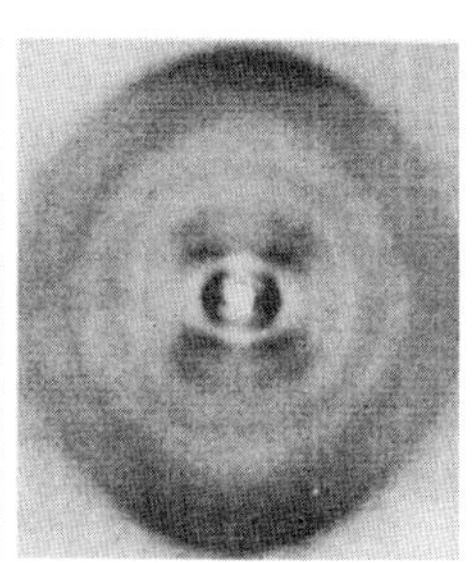

図3-5　DNAのX線回折写真. 右がウィルキンズ, 左がフランクリンが撮ったもの(ともに "Nature" 1953年4月25日号より)

ここで使われたX線回折写真というのは元々、結晶構造(物質を構成する原子の三次元的な配列の仕方)を決定するために開発された物理学の手法である。つまり、物質科学の実験がそのまま生命科学の分野においても、有効性を発揮することが示されたわけである。

DNAの構造解明は二〇世紀最大の発見の一つと称えられるが、それはまた、物質科学の汎用性の高さをアピールする出来事ともなった。

X線の正体は?

第一回(一九〇一年)のノーベル物理学賞は一八九五年にX線を発見したレントゲンに贈られたが、この時点ではまだ、X線の正体は謎であった。一九一二年、それが可視光よりも波長の短い電磁波であることを突き止めるのは、ラウエ(図3-6)である(この研究でラウエは一九

図3-6　ラウエ（『ノーベル賞講演　物理学2』講談社より）

一四年のノーベル物理学賞を受賞する）。光（一般に波動）は、回折と呼ばれる現象をみせる。進行方向に障害物があると、波はその縁（ふち）に沿って後ろ側にまわり込むのである。そして、回折を起こす度合は波長に強く依存している。二〇世紀に入ると早々に先がくさび形に尖（とが）ったスリットを用いると、X線がスリットの突端で回折し広がりを示すことが報告されるようになった。

ラウエは報告される実験データから、X線は波長が10^{-11}メートルほどの電磁波ではないかと考えた（この長さは可視光の一万分の一ほどの短さになる。図3-7）。そうだとすれば、スリットの間隔がその波長に見合う回折格子（スリットが平行に等間隔で格子状に並んだもの）を用いれば、X線も干渉を起こすことが予想される。つまり、干渉という波特有の現象が観測できれば、X線の正体が分かるということになる。

ここで想い出されるのが、一九世紀の初めイギリスのヤングが行った有名な光の干渉実験である。これは物理の教科書などでお馴染みかと思うが、その実験原理は図3-8のように

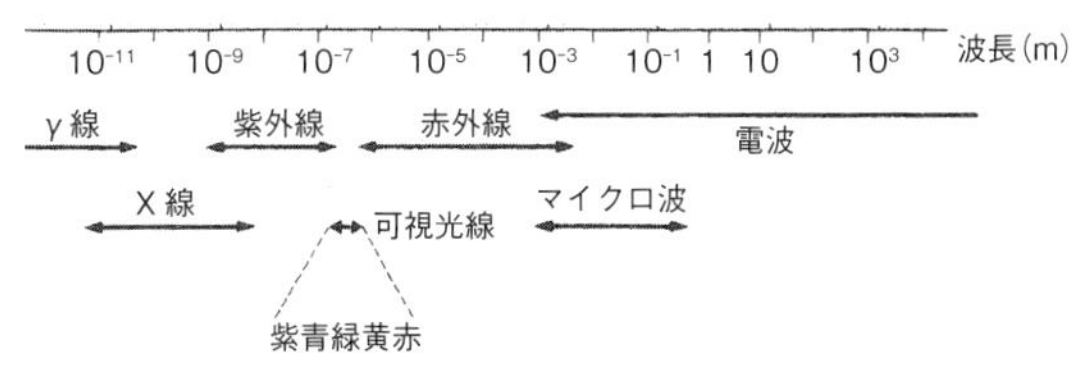

図 3-7　電磁波の波長領域

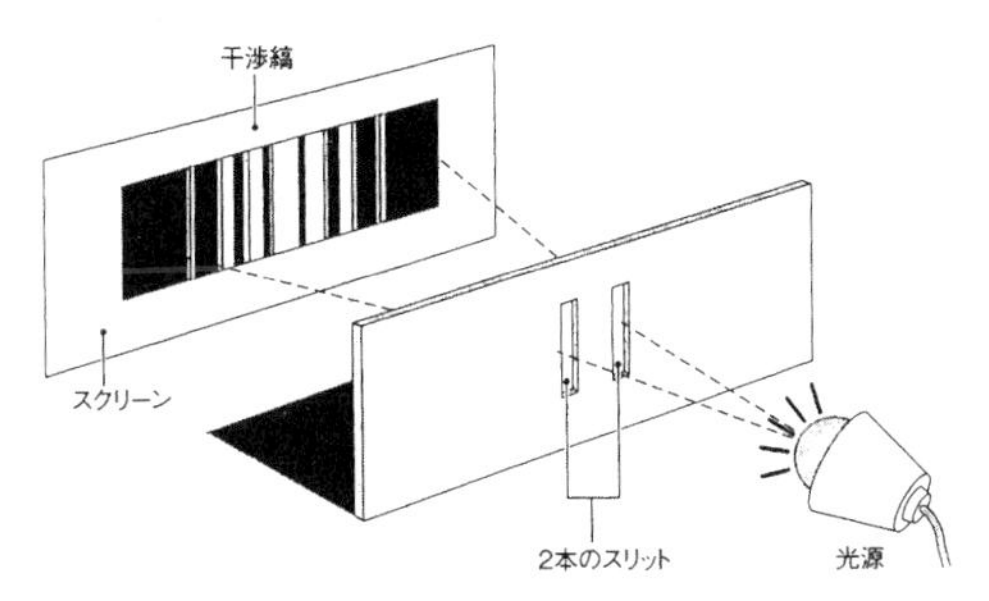

図 3-8　ヤングの光の干渉実験(小山慶太『ノーベル賞でたどるアインシュタインの贈物』NHK ブックスより)

なる。

一つの光源から出た光が隣接するスリットによって二本に分かれると干渉を起こし、前方のスクリーンに明暗の縞模様からなる独特のパターンが現れる。ニュートンの時代から一九世紀の初めまで、光の正体をめぐって粒子説と波動説の論争が長らくつづいてきたが、ヤングの実験は光の波動性を示す有力な証拠となったのである(ただし、その一世紀後、1章で述べたように粒子と波の二重性という、まったく新しい描像が確立されることになるのだが)。

ラウエが注目したのは、まさにこの実験原理であった。ただしX線の予想される波長は可視光に比べてはるかに短いので、干渉を生じさせるためには、スリットの間隔もその分短くしなければならない。当時、人工的にこれだけ細く稠密(ちゅうみつ)な回折格子をつくることは難しかったが、自然界にはそれにふさわしいものが存在したのである。結晶がまさしくそれであった。

結晶は劈開(へきかい)(一定の面に沿って割れること)の仕方から、原子が三次元の周期性をもって規則正しく並んだ構造をしていることはすでに明らかにされていた。また、アヴォガドロ数や結晶の密度、分子量の値も得られていたので、それらを使って計算すると、結晶内の原子間の距離(これを格子定数という)がおよそ10^{-10}メートル程度と見積られていた。この間隔はX線の推定される波長と比較してみると、波の干渉を起こさせるのに都合のよいものであった。

そこで、ラウエは光の波動理論を、三次元の周期性をもって並ぶ原子による回折現象に適用できるよう拡張し、一九一二年、その理論を検証する実験を若手の実験物理学者フリードリッヒとクニッピングに指示したのである。果たして、彼らが結晶にX線を当てると、原子のスリットによって回折したX線が干渉を起こし、写真乾板上に規則性をもって並ぶ斑点状の模様が現れた(図3-9)。斑点は干渉によって波が強め合ったX線がくる位置に対応しており、その分布は結晶の原子配列を反映していた。

ここで図3-5と3-9を比較してみると分かるように、どちらもX線回折を利用して物質の構造を探るという手法で得られた写真である。結晶は原子配列が比較的単純であったのに対し、DNAは巨大で構造が複雑な高分子であるという違いだけである。つまり、初めは単純な構造をした物質について研究が行われていたが、いったん実験原理が確立されれば、より複雑な物質へと応用範囲が広がっていくのは自然の流れである。

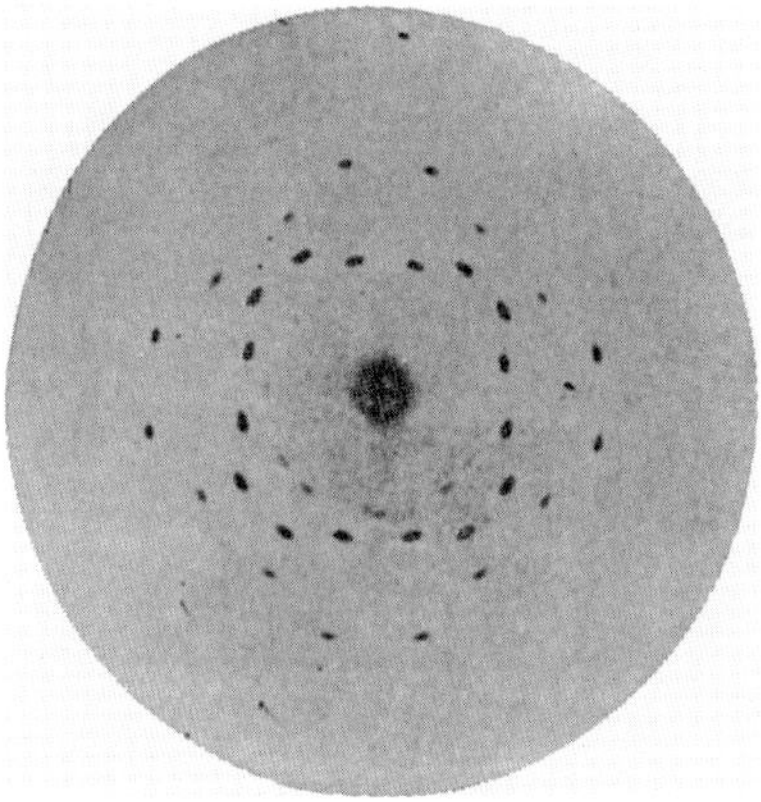

図3-9　結晶によるX線回折の写真（ラウエのノーベル賞講演より）

その流れをつくったのが、W・ヘンリー・ブラッグ（父、以下ヘンリー）とW・ローレンス・ブラッグ（息子、以下ローレンス）の父子である。そしてローレンスはやがて、DNAの二重らせん構造を突き止めるワトソン、クリックの二人と、ケンブリッジのキャヴェンディッシュ研究所で浅からぬ因縁をもつことになる。

X線構造解析の確立

ラウエの回折理論は先駆性が高く、実験を通してX線の波動性をみごとに証明したわけではあるが、その主眼はあくまでもX線の正体解明の方にあった。そのため、ラウエの理論を用いて結晶構造を決定するのは必ずしも容易ではなかった。そこで、ラウエが解明したX線の波動性を前提として、今度は結晶構造解析を主眼に、理論を単純化したのが、ローレンスである。彼は結晶に入射したX線の波は、原子が周期的に並び、平行に幾層にも重なる平面――これを「網平面」と呼ぶ――によって反射されると考えた(図3-10)。ただし、原子配列は三次元構造をとるので、切り口に応じて網平面は幾とおりも想定が可能になる。どの平面を優先的に選択するかは、X線の波長や結晶に対する入射角などの実験条件に依存する。

ここで、図3-11を見ていただこう。dの間隔で平行に並ぶ線は、網平面を真横から眺めたものである、そこに入射角θ(シータ)でやってきたX線の一部は網平面の第一層で反射され、残りは透過する。次に透過したX線の一部が第二層で反射され、同じように残りは透過して第三層に向かうというプロセスが繰り返される。

こうすると、各層で反射されたX線はすべて同じ方向に平行して進むことになる。このとき、各反射波の間には$2d \sin\theta$だけの経路差が生じる。この距離がX線の波長λ（ラムダ）の整数n倍に一致すると（「$2d \sin\theta = n\lambda$」、これを「ブラッグ条件」という）、反射された波は強め合い、その方向に干渉模様の斑点が現れることになる。そこから、結晶の構造が読み取れるわけである。ローレンスの理論は一九一三年、『ケンブリッジ哲学協会』の雑誌に発表された。

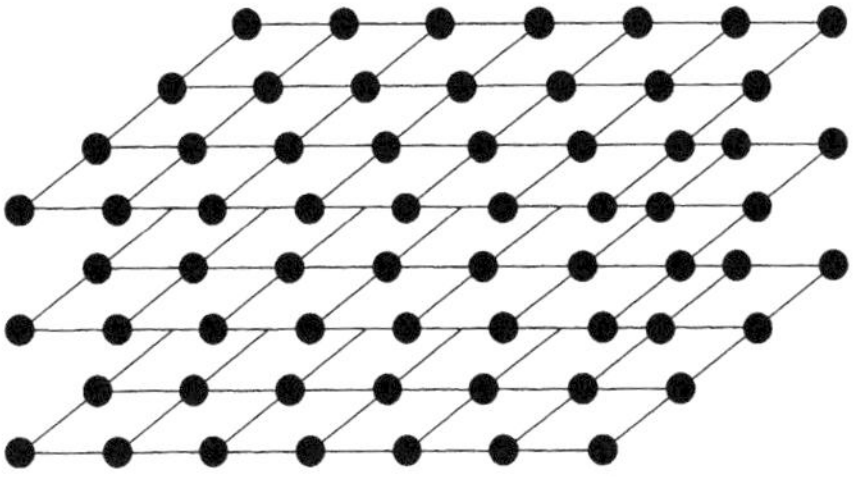

図 3-10　結晶内の原子（●印）からなる網平面

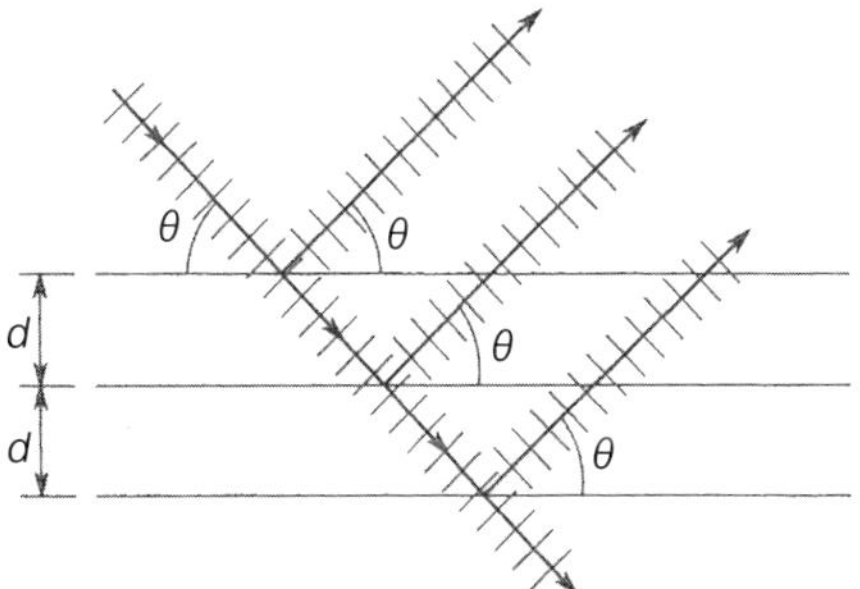

図 3-11　網平面で反射されたX線の干渉（図はともに，小山慶太『寺田寅彦』中公新書をもとに作成）

ここで重要になるのが、結晶内で強い反射を起こすX線の波長の決定である。それを高い精度で測定できるX線分光器を開発したのが、ヘンリーであった。

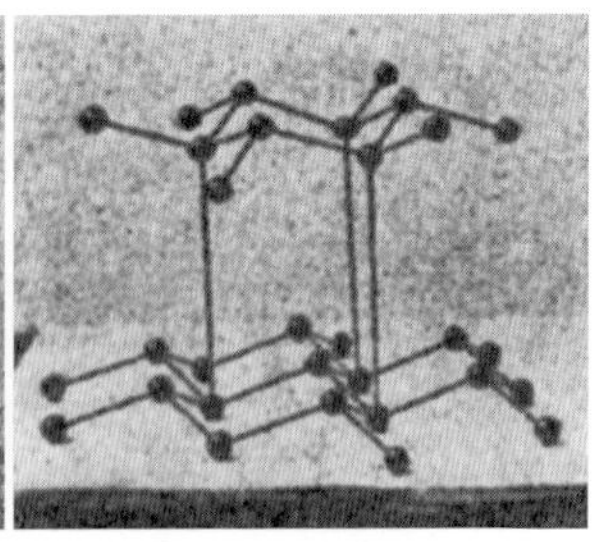

図3-12　X線構造解析で求められた結晶の原子配列．ホタル石の黒い玉はカルシウム，白い球はフッ素．グラファイトは炭素原子が平面上に並ぶが(2章の「グラフェン」参照)，ローレンスが示した構造は炭素の層が多少デコボコになっている(W.ローレンス・ブラッグのノーベル賞講演より)

この装置で求められた波長を息子の理論(ブラッグ条件)に当てはめれば、図3-11のdを知ることができる。そしてその操作を組み合わせることで、結晶の三次元構造が明らかになるという仕組みである(図3-12)。これがX線構造解析と呼ばれる手法である。

この業績でブラッグ父子は一九一五年、ノーベル物理学賞を受けた(図3-13)。このとき、息子のローレンスは弱冠二五歳、ノーベル賞科学三部門(物理学、化学、医学生理学)において、二〇代の受賞者は今もって、彼一人である。

因みに、親子でノーベル賞に輝いたのは六組をかぞえるが、同時受賞はブラッグ父子一組しかいない(表3-1)。

図 3-13　ブラッグ父子．左が父 W. ヘンリー・ブラッグ，右が W. ローレンス・ブラッグ（『ノーベル賞講演　物理学 3』講談社より）

表 3-1　親子のノーベル賞受賞者

P. キュリー，M. キュリー夫妻	1903 年，物理学
M. キュリー	1911 年，化学
F. ジョリオ，I. ジョリオ＝キュリー夫妻	1935 年，化学
J. J. トムソン	1906 年，物理学
G. P. トムソン	1937 年，物理学
W. H. ブラッグ，W. L. ブラッグ	1915 年，物理学
N. ボーア	1922 年，物理学
A. ボーア	1975 年，物理学
M. シーグバーン	1924 年，物理学
K. シーグバーン	1981 年，物理学
H. von オイラー・ケルピン	1929 年，化学
U. S. von オイラー	1970 年，医学生理学
A. コンバーグ	1959 年，医学生理学
R. コンバーグ	2006 年，化学

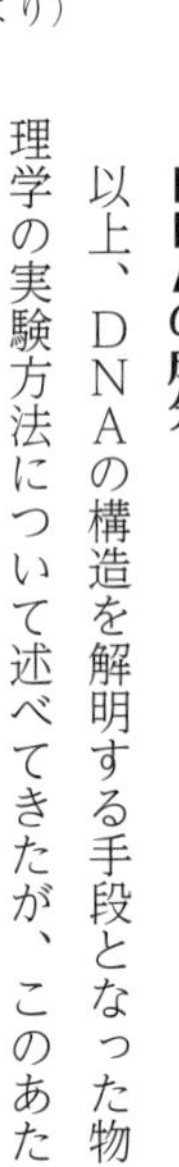

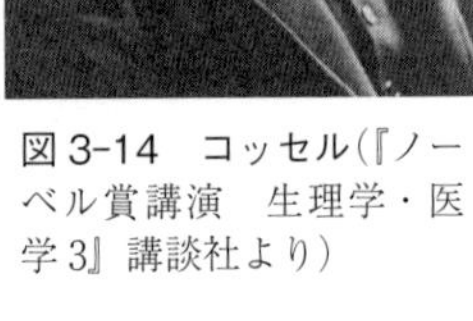

図3-14　コッセル(『ノーベル賞講演　生理学・医学3』講談社より)

ＤＮＡの成分

以上、ＤＮＡの構造を解明する手段となった物理学の実験方法について述べてきたが、このあたりで肝心のＤＮＡそのものに目を向けてみよう。

このテーマに関しては、なんといってもワトソンとクリックの知名度と存在感が絶大であるが、実はノーベル賞の草創期に早くも、ＤＮＡの研究でその栄誉に輝いた科学者がいたのである。一九一〇年、医学生理学賞を受けたドイツのコッセルがその人である(図3-14)。

このときコッセルは「細胞核の化学組成」と題する受賞講演を行い、一八六〇年代の末、スイスのミーシャーが細胞の核の中からタンパク質と多量のリン酸を含む物質を発見、これを「ヌクレイン」(核タンパク質)と名づけたことを紹介している。そして、この物質は染色体にしか存在しないことから、遺伝に深くかかわっているのではないかと考えられるようになった。その後、ヌクレインはタンパク質の特性をもつ部分とその他の特徴的な構造をもつ部分に分解できることが示され、後者は「核酸」と呼ばれるようになった。この核酸の構成成分の分析に取り組んだのが、コッセルである。

コッセルは一八八五年、アデニンという塩基の発見を手始めに、一九世紀末までにグアニン、チミン、シトシンという計四種類の塩基(窒素含有化合物)を見つけ出した(図3-15)。また、彼は核酸には糖も含まれていることを明らかにしている。なお、コッセルがノーベル賞を受賞した当時はまだ区別されていなかったが、やがて核酸にはデオキシリボースという糖を含むDNAとリボースという糖を含むRNAの二種類が存在することが知られるようになる(なお、コッセルが四種類の塩基を分離したのはDNAからである)。

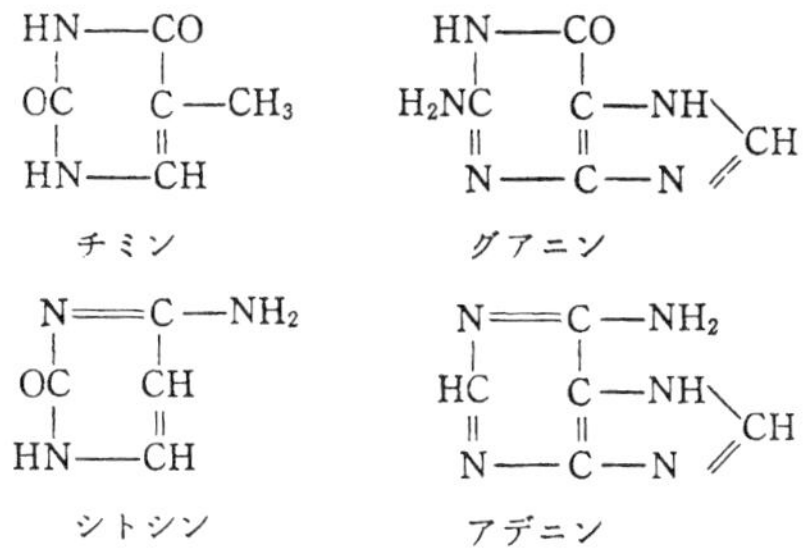

本章の初めに、DNAはリン酸、糖(デオキシリボース)、塩基の三つの要素から成ることはすでに述べたが、こうしてそれらがすべて出そろったわけである。

図3-15　コッセルが核酸の中に発見した4種類の塩基の構造式(図3-14の前掲書より)

バクテリオファージとDNA

ノーベル賞の歴史の中で、DNAの研究に関し次に重

デルブリュック　　ハーシー　　ルリア

図3-16　1969年の医学生理学賞受賞者(『ノーベル賞講演　生理学・医学12』講談社より)

要な節目となるのは、一九六九年の医学生理学賞である。この年、デルブリュック、ハーシー、ルリアの三人が「バクテリオファージの複製メカニズムと遺伝的構造の発見」で同賞を受賞した(図3-16)。

ここで、「バクテリオファージ」とは何かについて、このとき授章のことばを贈ったガート(ノーベル賞選考委員会委員)がこう説明している。「すべての生物はウイルスに感染するが、細菌(バクテリア)もその例外ではない。それが第一次世界大戦中に発見されたバクテリオファージで、〝細菌を捕食するもの〟という意味で名づけられたウイルスである。バクテリオファージの研究が本格化するのは一九四〇年ころからであり、それに大きく貢献したのがデルブリュック、ハーシー、ルリアである」(『ノーベル賞講演　生理学・医学12』講談社をもとに要約)。

このウイルスはタンパク質に包まれた核酸の粒子で、電子顕微鏡を使わなければ観察できないほどの小ささである。これが細菌に感染すると細菌を〝食べながら〟増殖するのである。増殖するということは、バクテリオファージの遺伝子が複製され、次々と彼らの〝子ども〟に伝えられていることを意味している。

そこで、ハーシーはバクテリオファージのタンパク質とDNAにそれぞれ異なる放射性元素の〝目印〟をつけ、バクテリオファージが細菌に感染するプロセスを追跡してみた。すると、細菌の中に入り込むのはDNAだけで、それが〝子ども〟をつくり出していることが突き止められた。タンパク質は関与しないのである。

この実験結果は一九五二年に発表され、予想されていたとおり、DNAが遺伝を司る物質であることを決定づけたのである。

二重らせんをめぐるドラマ

さて、コッセルによってDNAには四種類の塩基が存在することが突き止められていたが、第二次大戦後、その組成比を測定していたシャルガフが重要な発見を成し遂げた。

シャルガフは多くの生物種のDNAを調べたところ、いずれの試料においても、アデニン

(A)とチミン(T)の分子の数が等しく、またシトシン(C)とグアニン(G)の分子の数も等しいことに気がついた(これを「シャルガフの法則」と呼ぶ)。生物種によってAとTが多いもの、あるいはCとGが多いものの違いはあっても、それぞれの分子数の比はいずれの場合もほぼ1となったのである。この事実はAとT、CとGが対(ペア)を形成していることを示唆しており、ワトソンとクリックがDNAの構造を解明する際の貴重な手掛かりとなった。実際、彼らは一九五三年の論文(図3-4)の中で、シャルガフの実験結果を引用している。

そしてもう一つ、二重らせん構造にたどりつく上で不可欠な役割を担ったのが、すでに述べたX線回折写真である。この点について、ワトソンとクリックは前掲の論文にこう書いている。「今までに発表されているDNAに関するX線データは、我々がここで提唱した構造模型と大雑把(おおざっぱ)には一致しているものの、厳密な検証を行うにはまだ不十分なものであった。そのためには、より精度の高い実験結果が必要となる。そのいくつかは以下の人々とのコミュニケーションを通して得ることができた」と述べた上で、論文の最後に〝謝辞〟の形で「我々はロンドンのキングス・カレッジのウィルキンズ博士とフランクリン博士並びに彼らの共同研究者による未発表の実験結果とアイデアに刺激を受けた」の一文が載せられている。

引用にある〝未発表の実験結果〟とは、名前を掲げられた二人の科学者が独立に撮ったD

NAの鮮明なX線回折写真を指している(図3-5。この写真が『ネイチャー』に載る前に、それを見る機会をワトソンは得たわけである)。というわけで、DNAの構造解明はシャルガフが発見した塩基の組成比、そしてウィルキンズとフランクリンのX線回折写真なくしてはなされなかったのである。しかし、シャルガフはノーベル賞からはずされてしまった。また、フランクリンは一九五八年(ワトソンら三人がノーベル賞を受賞する四年前)、三七歳の若さで亡くなった。いかに偉大な業績を収めても、故人にノーベル賞は贈られない。脚光を浴びる受賞者の陰には、こうした不運、不遇な人間ドラマもあったのである。

さて、ここでもう一度、図3-4の二重らせん構造を見てみよう。DNAはリン酸と糖が交互に並ぶ長い鎖状の分子(図にあるリボン状の部分)で、その二本が梯子(はしご)の横木のように架けられた塩基対(AとT、CとGの対。これらは水素を介して結合している)によって、安定ならせん構造を形成している。そして、塩基対の配列の仕方が遺伝情報を担っているわけである。それは確かにワトソンとクリックが論文の冒頭に書いたとおり、きわめて興味深く斬新なものであった。このとき、奇しくも彼らが所属していたケンブリッジのキャヴェンディッシュ研究所で所長の職にあったのは、X線構造解析の創始者W・ローレンス・ブラッグ(息子の方)である。

ワトソンは論文を書き上げたときのブラッグとの因縁を、自著『二重らせん』の中でこう回想している(なお、引用文中のパサデナとはカリフォルニア工科大学がある市で、そこにはやはりDNAの構造解明に取り組んでいたポーリング〔表2-2参照〕がいた)。

「論文は、ほぼ完成の形をとってから、ブラッグ卿に一読してもらった。彼は表現を変えたほうがよい点を二、三指摘したあと、顔をほころばせて、強力な添え状をつけて『ネイチュア』誌へ送ることを快諾してくれた。DNAの構造解明という事件に、ブラッグ卿は心の底から幸福を味わっていた。成果を生みだしたのがパサデナではなくキャベンディッシュであったことが、幸福の一因であることはあきらかだった。(中略)しかも、生命の本質のナゾを解く中心的役割を果たしたのは、ほかならぬ、卿が四十年前に開発したX線解析法であったことが、卿の喜びをいやがうえにも大きくしたのである」(江上不二夫・中村桂子訳、講談社文庫)。ワトソンの回想はいみじくも、生命科学がX線構造解析という手法を介して物質科学と融合していく歴史的な過程を浮き彫りにしていた。因みに、一九六二年のノーベル化学賞を受賞したペルツとケンドルーもキャヴェンディッシュ研究所の科学者で、その受賞理由は「X線解析による球状タンパク質の解明」であった。これもまた、ブラッグが四〇年前に基礎を築いた実験手法による成果であった(この年、キャヴェンディッシュ研究所は四人

表3-2　キャヴェンディッシュ研究所から生まれたノーベル賞

受賞者	受賞年次	部門	受賞理由
レイリー	1904	物理学	アルゴンの発見
J. J. トムソン	1906	物理学	気体内電子伝導の研究
ラザフォード	1908	化学	元素の崩壊と放射性物質の化学に関する研究
W. L. ブラッグ	1915	物理学	X線による結晶構造の研究
バークラ	1917	物理学	元素の特性X線の発見
アストン	1922	化学	質量分析器の考案と同位体の発見
ウィルソン	1927	物理学	ウィルソン霧箱の発明
コンプトン	1927	物理学	コンプトン効果の発見
リチャードソン	1928	物理学	熱電子現象の研究
チャドウィック	1935	物理学	中性子の発見
G. P. トムソン	1937	物理学	結晶による電子回折の発見
アップルトン	1947	物理学	高層大気の物理と電離層の研究
ブラケット	1948	物理学	霧箱の改良と原子核および宇宙線分野での発見
コッククロフト ウォルトン	1951 1951	物理学 物理学	高電圧加速装置の開発と原子核変換の研究
ペルツ ケルドルー	1962 1962	化学 化学	X線解析による球状タンパク質の解明
クリック ワトソン	1962 1962	医学生理学 医学生理学	核酸の分子構造と生体の情報伝達に対するその意義の発見
ホジキン	1964	化学	X線回折法による生体物質の分子構造の研究
ジョセフソン	1973	物理学	固体内トンネル効果の研究
ライル	1974	物理学	電波天文学の研究，特に開口合成の技術の発明
ヒューウィッシュ	1974	物理学	電波天文学の研究，特にパルサーの発見
モット アンダーソン	1977 1977	物理学 物理学	磁性体と無秩序系の電子構造理論
カピッツァ	1978	物理学	低温物理学の基礎的研究
コルマック	1979	医学生理学	コンピュータを用いたX線断層撮影技術の開発
クルーグ	1982	化学	X線回折法と電子顕微鏡による核酸・タンパク質複合体の構造研究
ラムゼー	1989	物理学	ラムゼー共鳴法の開発

（小山慶太『若き物理学徒たちのケンブリッジ』新潮文庫より）

表 3-3　ノーベル化学賞にみる物質化学と生命科学の融合

1964 年	ホジキン	X 線回折法による生体物質の分子構造の研究
1982 年	クルーグ	X 線回折法と電子顕微鏡による核酸・タンパク質複合体の構造研究
1988 年	ダイゼンホーファー フーバー ミヒェル	X 線回折法による光合成反応中心となる膜タンパク質の構造研究
2003 年	マキノン	X 線回折法による細胞膜の機構研究

のノーベル賞受賞者を生み出したことになる。表3-2)。
ペルツとケンドルーが受賞した化学賞のその後の系譜をたどってみると、ブラッグが開発したX線構造解析は生体物質の有力な研究手法として多用されていることがよく分かる(表3-3)。

ヒトゲノム計画

ところで、今日、DNAを利用した検査手法は犯罪捜査や血縁関係の有無の鑑定、遺伝的な病気の発見、さらには古生物学や生物進化の研究など多彩な分野で、その有効性を発揮している。それはすでに一つのテクノロジーとして確立されているわけであるが、その基盤をなすのが、一九八三年にマリスが発見した「PCR法」(ポリメラーゼ連鎖反応法。なお、ポリメラーゼとはDNAの鎖を合成する酵素)である。

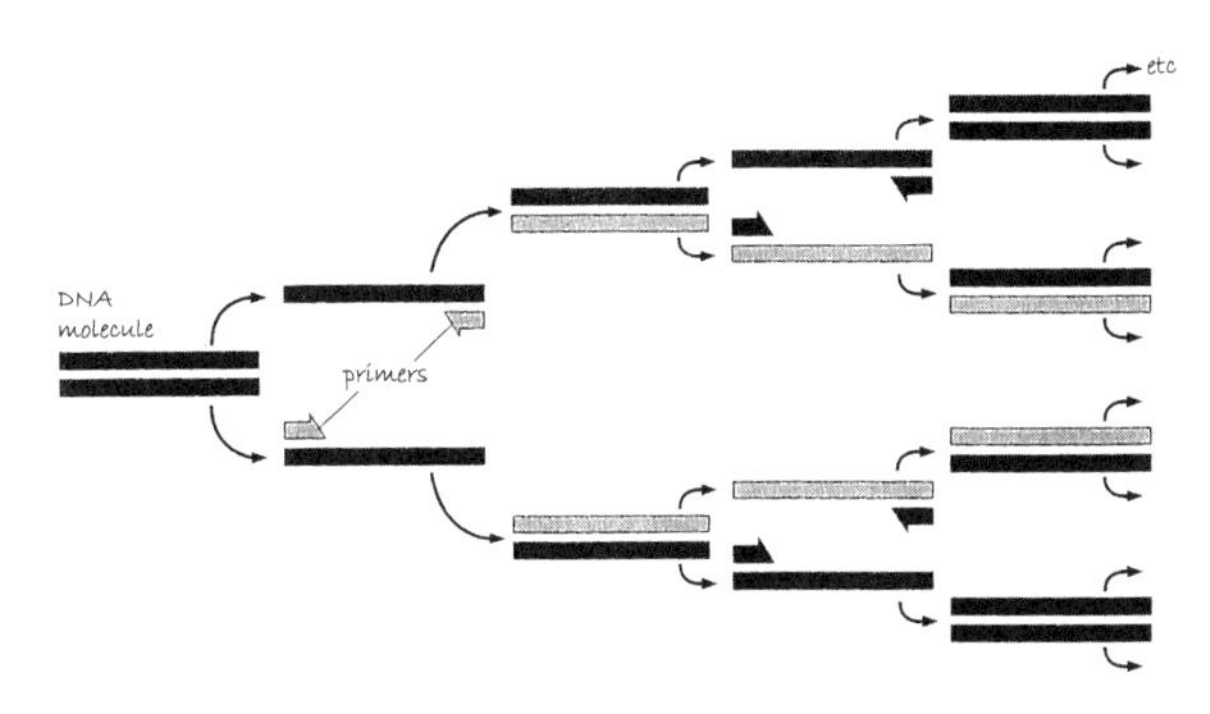

図 3-17　PCR 法の原理．2 本の DNA 鎖を分離し，それぞれにプライマーと呼ばれる DNA の 1 本鎖(対をなすもう一方の鎖)の断片を添加する．次にポリメラーゼを添加して，2 組の 2 本鎖をつくる．この操作を繰り返して増幅を行う("DNA" by James D. Watson with Andrew Berry, Alfred A. Knopf より)

図3-4で示したように、DNAは糖とリン酸から成る二本の鎖がらせん状に絡み合う構造をしている。そして、アデニンとチミン、シトシンとグアニンがそれぞれ塩基対をつくり、二本の鎖を安定に結びつけている。このように対の組合せは決まっているので、二本の鎖を分離して化学的な方法を施すと、各々の鎖の相手方となる鎖が複製でき、DNAの二本鎖は二倍にふえる。この操作をn回繰り返せば、その数は2のn乗倍になる(図3-17)。これがマリスが発見したPCR法である。こうした増幅技術が確立されたことにより、前述したようなDNAを用いた検査、研究が急速に進んだわけである。

さて、当初は手作業で行われていたPCR

法は間もなく自動化され、併せて塩基配列の解析装置も開発されたことにより、一九九一年に国際協力のもと開始された巨大プロジェクト「ヒトゲノム計画」の歩みに拍車がかかった。これはヒトのＤＮＡを構成する四種類の塩基のすべての配列を解読しようという壮大な挑戦である。

そして二〇〇三年——ワトソンとクリックがＤＮＡの二重らせん構造を突き止めてからちょうど五〇年めの記念すべき年——、約三〇億塩基から成るヒトゲノムの全配列は決定された。ただし、それはひとまず配列が分かったという段階にすぎず、究極のゴールにたどりついたわけではない。そこを新たな出発点として、医療、創薬、体質の解明などこれから取り組むべき多くの問題が山積している。

ではあるが、わずか半世紀の間にここまで遺伝子研究が進歩を遂げた足跡には驚かされる。それはいみじくも二〇一一年に行われたインタビューの中でワトソンが「ヒトゲノム計画は人類の最も偉大な業績の一つに数えられます。（中略）人間の生命情報が、個人のゲノムの中にすべて入っているわけですから、それを入手するのは、本当に驚くべきこと」と述べたとおりである（『中央公論』二〇一一年一二月号、吉成真由美、聞き手・構成・訳）。

この言葉は、一九五三年、キャヴェンディッシュ研究所に在籍していたワトソンとクリックが論文を書き上げた際、その四〇年前にX線構造解析を確立したブラッグ卿が抱いた感慨と重なるものがある。そして、こうした生命科学の潮流をワトソンは二〇一一年のインタビュー(前掲誌)でこう語っている。

「ダーウィンが与えた最大の影響は、「ダーウィンが入って、神が出て行った」ということです。実にシンプルです。神が必要なくなった。六〇年前、人々は物理・化学の法則で「生命」を説明できないものかと、腐心した。で、DNAやそれにまつわるいろいろな事柄で、生命というものが説明できることになった。化学的に免疫の抗体多様性メカニズムも説明できることになった。それで、一挙に神が不必要になった」。

一八五九年、ダーウィンが『種の起源』を著し、進化論を唱えたとき、キリスト教関係者から厳しい批判を浴びたことはよく知られている。批判は宗教家からだけではなく、科学者の中にもダーウィンの説に否定的な見解を示す者がいた。大物理学者ケルヴィンもその一人である。ケルヴィンは一八七一年、イギリス科学振興協会で行った講演で、「自然選択による種の起源の仮説が生物学における進化の正しい理論であるとは思えない。……すべての生物が、永続的に作用する唯一の創造者である神に依存している」と持論を展開している(松永俊男『ダーウィンをめぐる人々』朝日選書)。

今、引用したワトソンのインタビューにある「ダーウィンが入って、神が出て行った」という言葉はまさしく、一九世紀のこうした時代背景を指している。そして、それから一世紀後、生命現象が本来、物質科学に適用されるべき物理法則、化学法則に取り込まれた状況を、ワトソンは「一挙に神が不必要になった」と表現した。

ヒトゲノム計画の完了はその象徴的出来事となったのである。

クローン技術とiPS細胞

「神が出て行った」というワトソンの表現を想起させるもう一つ大きな出来事に、一九九六年、イギリスのウィルムットのチームによるクローン羊「ドリー」の誕生がある(図3-18。『ネイチャー』一九九七年二月二七日号)。ドリー誕生に向け彼らが取った手順の概略は次のとおりである。⑴おとなの羊Aの乳腺細胞からDNAの入った核を取り出す。⑵別の羊Bの未受精卵から核を取り除き、代わりに羊Aの核を移植し、電気的な刺激をかけて細胞を融合させる。⑶これを羊Cの子宮に移し、無性生殖を起こしてクローンを造り出す。

これによって、羊Aと同じ遺伝情報をもつ羊ドリーが生まれたのである。ドリーは受精卵を使うのではなく、成体(十分に発育した動物)の体細胞(ドリーの場合は乳腺細胞)から誕生した哺乳類で最初のクローンとなった。

こうしたクローン技術の開発で重要な役割を果たしたのが、イギリスのガードンである。ガードンはカエルの未受精卵から核を除去し、そこへ別のカエル(オタマジャクシ)から取った腸の細胞核を移植することにより、クローンカエルをつくるのに成功したのである。この実験結果は一九六二年に発表された。

図3-18　クローン羊ドリー(左)と代理母の羊(右)(I. Wilmut et al., "Nature" 27 Feb. 1997 より)

これによって、発生がすでにある段階まで進んだ個体の分化した体細胞の核にはまだ、体をつくるすべての細胞に分化できる能力があることが示されたのである。こうした能力が発揮される現象を「リプログラミング」(初期化)という。つまり、細胞が個体を構成する各々の部品——ガードンの実験では腸——に分かれても、その細胞核にはもう一度、すべての部品へと分化できる遺伝情報が失われることなく、保存されていることが突き止められたわけである。それから三十余年後、カエルで始まったクローン技術は羊のドリーを造り出した。

　ガードンは二〇一二年、ノーベル医学生理学賞を贈られるが、このときの同時受賞者は「iPS細胞」(induced pluripotent stem cell＝人工多能性幹細胞)の作製に成功した山中伸弥である。

　二〇〇六年、山中はマウスの体細胞(皮膚細胞)に特定の四種類の遺伝子をセット(これは山中因子と呼ばれている)にして導入し、それを培養すると、体細胞がリプログラミングされ、どんな細胞にも分化できる能力をもつiPS細胞に増殖することを発表した。そして、その翌年には、ヒトの皮膚細胞からiPS細胞がつくり出され、再生医療への新たな道が開かれたのである。いわゆる〝万能細胞〟として当時、「ES細胞」(胚(はい)性幹細胞)がすでに知られていたが、これは受精卵を利用するため、倫理上の問題がつきまとっていた。一方、iPS細胞にはそうした障害がないという利点がある。

　ところで、二〇一二年のノーベル医学生理学賞であるが、山中はiPS細胞の作製からわずか六年で受賞をしている。これは最近のノーベル賞事情に鑑みると、かなり速い受賞といえる(ガードンが行ったカエルのクローン実験が受賞の半世紀前の業績であったことを考えると、それがよく分かる）。特に、医療への応用と深く結びつく研究では、一般にその有効性が実際に広く確かめられ、十分な実績が評価されてから受賞する場合が多い。その分、選考委員会も授賞の決定には自ずと慎重になる。

ところが、iPS細胞を用いた臨床研究は二〇一二年の時点ではまだ一件も行われていなかった。つまり、一人の患者も救ってはいなかった。にもかかわらず、iPS細胞がスピード受賞の対象となったのは、再生医療の有望な手段としての期待がそれだけ大きかったことの現れであろう。早く臨床に応用し、多くの患者を救うべく研究を促進してほしいというメッセージを、ノーベル賞選考委員会は発したのではないかと思う。

そして、今、その期待に応える成果が徐々に報告され始めている。

山極勝三郎と幻のノーベル賞

さて、ガードン以外にも研究からノーベル賞受賞までずいぶんと長い時間がかかった例としては、本書で取り上げたカピッツァ（一九七八年物理学賞）やヒッグスとアングレール（二〇一三年物理学賞）などがあげられるが、ノーベル賞史上もっとも長く待たされたのは、「発がん性ウイルスの発見」で一九六六年のノーベル医学生理学賞を贈られたラウスであろう

図3-19　ラウス(『ノーベル賞講演　生理学・医学11』講談社より)

(図3-19)。

一九一〇年、ロックフェラー医学研究所の若手研究員であったラウスのもとへ、悪性の皮下結合組織腫瘍である肉腫(がん)にかかった一羽のニワトリが農家から持ち込まれた。

ラウスはその肉腫の細胞を取り出し、細菌も通過できないほど目の細かい濾過器を通して漉した液にして別の健康なニワトリに注射してみた。すると、接種されたニワトリは同じタイプの腫瘍を発症したのである。ラウスはさらにニワトリの骨、軟骨、血管などの腫瘍についても実験を行ったところ、すべての事例において、腫瘍が濾液を通して発症することが実証された。そこから、ニワトリの腫瘍は濾過されない病毒性の微生物(ウイルス)によって引き起こされる可能性が示唆された。

ところが、ラウスの研究に刺激を受け、多くの科学者がマウスやラットについて同様の実験を試みたものの、腫瘍の発症はみられなかった。そのためニワトリの実験結果は、説明のつかない例外とみなされ、発がん性ウイルス説は重要視されなかった。

事態に変化の兆しが現れたのは、遺伝学の研究が発展した一九五〇年代に入ってからである。マウスをはじめとする何種類かの哺乳類にも、腫瘍をつくり出すウイルスが存在することが発見され、そうした特定のウイルスは正常な細胞をがん化させ、増殖させることが、試験管の中で証明されたのである。

そしてやっと一九六六年、すでに八七歳の高齢に達していたラウスはノーベル賞の栄誉を手にすることができたという次第である。

そのとき行われた受賞講演で、ラウスは二人の日本人の名前をあげ、彼らが半世紀前に成し遂げた画期的な業績を紹介している。その二人とは山極勝三郎(東京大学教授、図3-20)と助手をつとめた市川厚一である。

図3-20　山極勝三郎(U.ラーショーン編，前掲書より)

山極は長年にわたる反復的な刺激が、がんを発症する因子の一つではないかと考え、一九一三年、市川に指示し、ウサギの耳にコールタールをこすりつける実験を始めた。そして一九一五年、予想どおり、ウサギの耳に皮膚がんができていることを発見したのである。これは世界で初めて、人工的に細胞をがん化させるのに成功した実験となった。

ラウスは山極らの研究により、物理的な因子(反復的な刺激を加えること)の探究が腫瘍の発生機構を解明する緒(いとぐち)となったと述べ、人間のさまざまな腫瘍の原因にこうした因子と結びつく生活習慣や職業があると指摘している。

図3-21　フィビガー(『ノーベル賞講演　生理学・医学4』講談社より)

ラウスのノーベル賞講演は、がん研究の歴史の中で人工的にがんを発生させた日本人二人の実験が高く評価できることを物語っている。実際、山極と市川は一九一九年(大正八年)、学士院賞を贈られている。さらに、山極は一九二六年度のノーベル医学生理学賞の候補に名前を連ね、最終選考まで残ったものの、残念ながら、栄誉を手にすることはできなかった。

この年度の受賞者はデンマークのフィビガーで(図3-21)、受賞理由は「がんの原因となる寄生虫の発見」であった(なお、授賞が行われたのは、一九二七年)。フィビガーは一九一三年、ゴキブリを中間宿主とするスピロプテラという線虫の幼虫が、ゴキブリを食べたネズミの胃にがんをつくることを実験で突き止めたのである。ネズミの体内で成長した線虫が胃壁にくい込んで刺激を与えることにより、正常な細胞ががん細胞に変化するというのである。

ところが、一九二六年度の医学生理学賞の選考委員会では、山極との共同受賞も検討されたが、結局はフィビガーの単独受賞に落ちついた。科学史家のE・クロフォードはその理由について、山極が論文に「フィビガーの研究に触発されて実験を行った」と書いたことが選考に大きく影響したのではないかと推察した上で、山際にも、ノーベル賞を贈るべきであったと見解を述べている。

ここで、山極の言う「触発されて」という表現はおそらく、先行研究を引用して、がんを誘発する因子を探る研究の重要性をあらためて喚起されたという程度の意味だったのであろう。コールタールの塗布によって刺激を与え、ウサギの耳に皮膚がんをつくり出すという実験自体はフィビガーの業績に依存したものではまったくなく、それは完全に山際の独創性から生まれた成果である。

そう考えると、山際が日本人で最初のノーベル賞を逸したことは、なんとも惜しまれる。しかもである。一九五二年、フィビガーの実験結果は誤りであったことが明らかにされた。ノーベル賞の歴史の中で、希有な出来事が起きたのである。

幸いに――と書くべきか否か難しいが――フィビガーはノーベル賞を受けた翌年（一九二

八年)、その辛い現実を知る前に、大腸がんのため、六〇歳で亡くなった。一方の山際も、やはりその事実を知ることなく、一九三〇年に亡くなっている。

この〝フィビガー事件〟の後遺症であろうか、がん研究に対しノーベル賞が授与されることは一九六六年までなかった。それだけ、選考委員会はこの分野の評価に対し慎重になったのであろう。かくして、ラウスはストックホルムからの吉報がもたらされるまで、半世紀以上も待たされたのである。

脳と心

話は変わるが、一九六二年に出版された『脳の話』(時実利彦著、岩波新書)に次のような一節がある。

「漱石の「草枕」の冒頭に

智に働けば角が立つ。情に棹させば流される。意地を通せば窮屈だ。兎角に人の世は住みにくい。

という文句がある。私たち人間の高等な精神活動である知、情、意を、心にくいまでいいあらわして申し分がない。

ここで、知とは知覚、認識、思考、情とは喜び、悲しみの感情、意とは意欲、創造の精神の代名詞である。ところで、私たち人間で一番よく発達しているこれらの精神が、人間の脳で広い領域を占めている連合野で営まれていることは想像にかたくない」。

脳の構造の違いと、それに相関する知、情、意の複雑さに差異はあるものの、こうした脳の機能、役割は他の生物でも見られることであろう。

しかし、こうした研究対象としての重要性は認識されつつも、脳の仕組みはいろいろな現象が絡み合うためか、この分野の業績でノーベル賞を贈られた科学者は意外と少ないことに気がつく。二一世紀に入ってからでは、二〇一四年、「空間を把握する脳のメカニズムの解明」で医学生理学賞を贈られた、オキーフ、マイブリッド・モーザー、エドバルト・モーザーの例くらいであろう。

彼らの研究はラットを使って、自分が今、どこにいるのかという空間の位置を把握する脳内細胞を発見したものである。ラットの脳に電極を取り付け、場所を認知するときに活性化する細胞の存在が突き止められたのだという。

すでに触れたように、生命現象が物質科学の領域に取り込まれて久しい。二〇一三年のノーベル医学生理学賞が細胞内でつくられる酵素やホルモンなどの物質が体内で輸送されるメカニズムを明らかにした研究に、また同年の化学賞は生体内でタンパク質のような巨大分子が起こす複雑な化学反応をコンピュータ・シミュレーションによって解析する研究に授与されていることからも、こうした傾向はますます強まっている。

そして、脳もまた、その例外ではない。脳の機能は巨大で複雑な神経細胞のネットワークの中を走る電気信号に帰着され、そこには物理法則や化学法則が適用されるからである。

ではあろうが、脳は〝心〟の現象と直結している点が、他の器官と大きく異なっている。漱石が『草枕』でいみじくも表現したように、知、情、意といった精神活動は個体――それが人間でも動物でも――が示す、全体論的(ホリスティック)な表象である。それだけに、脳を細胞さらには分子レベルまで掘り下げ、単純に要素還元論の視点だけで心がどこまでつかめるのかという疑問は拭いきれない。それでは「木を見て森を見ず」に陥ってしまうおそれがある。

そういえば、すでに三〇〇年前、ライプニッツが『モナドロジー』(一七一四年)の中で、こう語っている。

「ものを考えたり、感じたり、知覚したりできる仕掛けの機械があるとする。その機械全体をおなじ割合で拡大し、風車小屋のなかにでもはいるように、そのなかにはいってみたとする。だがその場合、機械の内部を探って、目に映るものといえば、部分部分がたがいに動かしあっている姿だけで、表象について説明するにたりるものは、けっして発見できはしない。とすると、表象のありかは、複合体や機械のなかでなく、単一実体のなかでなくてはならなくなる」(『世界の名著〈25〉スピノザ／ライプニッツ』清水富雄・竹田篤司訳、中央公論社)。

ここで、表象を心に読み替えてみると、ライプニッツの指摘は脳の神経細胞ネットワークを走りまわる電気信号を観測するだけで、果たして高度な精神活動という総体を説明できるかという問題につながってくる。

もちろん、脳の機能を物質科学からのアプローチによりミクロ(細胞、分子)の視点で解明していくという道筋は、それはそれでこれからも重要になろう。しかし、一方において、個体の行動から心の発現を究明するというマクロの視点も必要になる。細胞や分子のレベルまで一気に降りてしまうと――ライプニッツの言葉をもう一度借りれば――、心という表象は見えなくなってしまうからである。

異色のノーベル賞

一九七三年のノーベル医学生理学賞はまさしく、こうした問題に一石(いっせき)を投ずる研究に贈ら

フリッシュ

ティンバーゲン

ローレンツ

図3-22　1973年ノーベル医学生理学賞受賞者(『ノーベル賞講演　生理学・医学13』講談社より)

れた。受賞したのは動物行動学の発展に貢献したドイツのフリッシュ、イギリスのティンバーゲン、オーストリアのローレンツの三人である(図3-22)。

それまではウイルス、遺伝子、ホルモン、酵素、抗体、免疫、発がん機構などの研究がもっぱらその対象であった同賞が初めて、彼ら三人が先駆者となって開拓した新しい領域にも光を当てたのである。

ノーベル賞の科学三部門は、一八九五年一一月二七日にパリでノーベルが認めた遺言に従って定められた。従って、その三つは永久に不変であるが、科学の進歩は速く、それに伴って領域の拡大、多彩化は進行しつづけている。そのため、ノーベルの時代にイメージされていた物理学、化学、医学生理学の枠には収まりきらない、すぐれた研究成果が報告され始めてくる。そこで、従来の定義にかたくなに縛られていると、いわゆる〝ノーベル賞級〟の卓抜な業績が除外されたままになり、ノーベル賞が科学の発展を十分に反映できなくなってしまう。それを回避するには、受賞者の選考に柔軟さが必要になる。

次の4章で扱う宇宙の研究にも、ノーベル賞のそうした変遷が見て取れる。ノーベル物理学賞の対象はあるときまで、1章、2章で取り上げた素粒子や物性に関するものが主流で、天文学の業績はそこからはずされていた。

ところが、一九六七年、ベーテが「核反応による星のエネルギー生成過程の発見」で受賞したのを契機として、天文学は天体物理学、宇宙論としてノーベル物理学賞に取り込まれていった(二〇〇二年、小柴、デイヴィスによる宇宙ニュートリノの検出、ジャコーニによる宇宙X線源の発見もその一例)。

受賞部門をふやせない以上、このように既存の三部門に周辺領域を取り込むことによって、ノーベル賞は現代科学の発展をうつす鏡でありつづけているのである(一九九五年、大気中のオゾンの生成と分解の研究でクルッツェン、モリーナ、ローランドの三人が化学賞を贈られたが、これは気象学のテーマであった。この授賞はオゾン層破壊や地球温暖化などが深刻化し、環境問題への対策が地球規模で叫ばれている現状を重要視したノーベル賞選考委員会が発したメッセージだったのであろう)。

このように、ノーベル賞は科学の〝世相〟を敏感に読み解きながら歴史を積み重ねてきたが、それにしても、一九七三年の医学生理学賞は異色であった。事実、受賞者の一人であるティンバーゲン自身がノーベル賞講演をこう切り出している。

「多くの人たちが、最近まで〈ただの動物観察者〉にすぎないと思われていた三人の人物に本年度のノーベル医学・生理学賞を授与するという協会の型破りな決定に驚いています」（『ノーベル賞講演　生理学・医学13』講談社。傍点は引用者）。

ミツバチのダンス

「型破りな決定」は、フリッシュが発見したミツバチの〝収穫ダンス〟にもよく現れている。

ミツバチは花粉源を見つけると巣に帰り、小さな円を描いたり（図3-23ⓐ）、尻振りダンスを舞いながら8の字を描いて（ⓑ）、仲間に餌場の位置を教えるのである。ⓐの円舞は餌場は巣箱のすぐ近くにあるという信号であり、餌場が遠くなると尻振りダンスを始めるという。その場合、8の字を描くたびに真ん中の直線部分を歩く時間が長くなるほど（尻振りダンスのテンポが遅くなるほど）、餌場までの飛翔距離が長くなるという情報を伝えている。両者

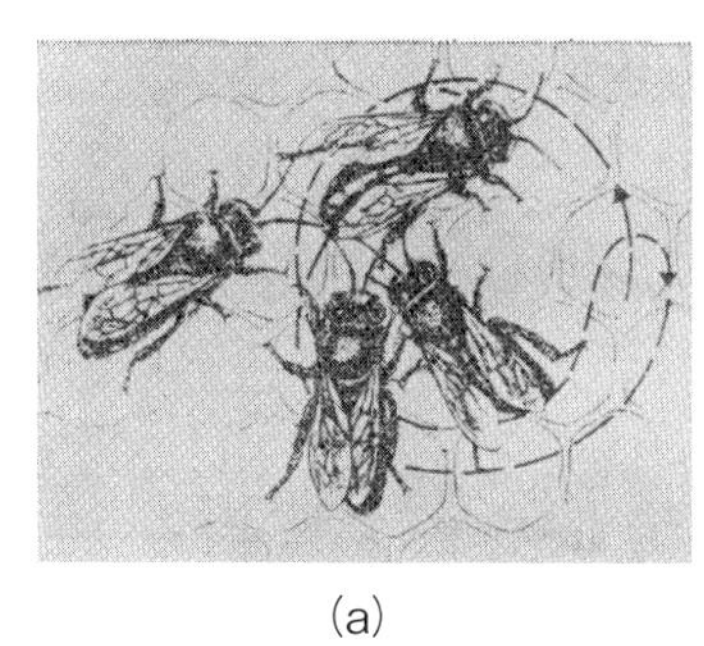
(a)

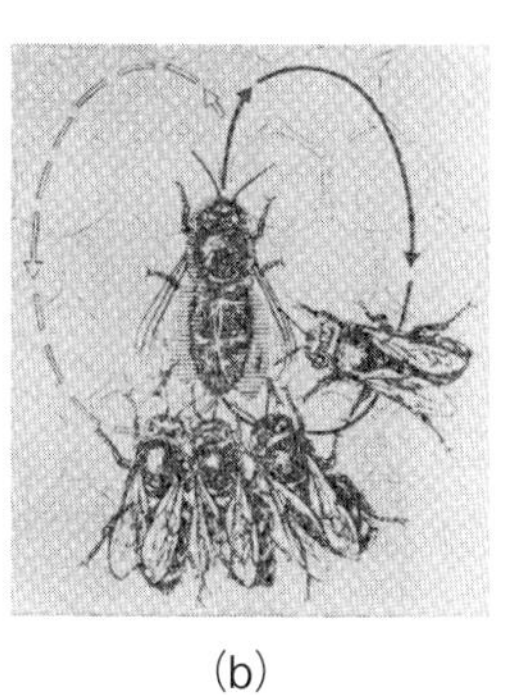
(b)

図3-23　ミツバチの収穫ダンス（フリッシュのノーベル賞講演より）

の間に図3-24で与えられるきれいな関数関係が成り立つことに驚かされる。

また、このダンスは距離だけでなく、目的地の方向も教えている。ミツバチは巣箱の中の垂直な巣板の上でダンスをしながら、自分の体の中心軸と重力の方向のなす角度を感じ取る。このとき、その角度が巣箱から見た太陽と餌場との角度に一致するように8の字を描くのである。それによって、仲間に飛んでいくべき方位を伝えているというから、これまた驚かされる。彼らは体内に自然がつくったGPSに相当するような器官をもっているのである。

ミツバチがこうした行動を通して高度な社会生活を営み、巣を形成する集団の維持、継承をはかっていることは疑いない。しかし、だからといって、彼ら一匹一匹に〝心〟があるのかと問われると――「一寸の虫

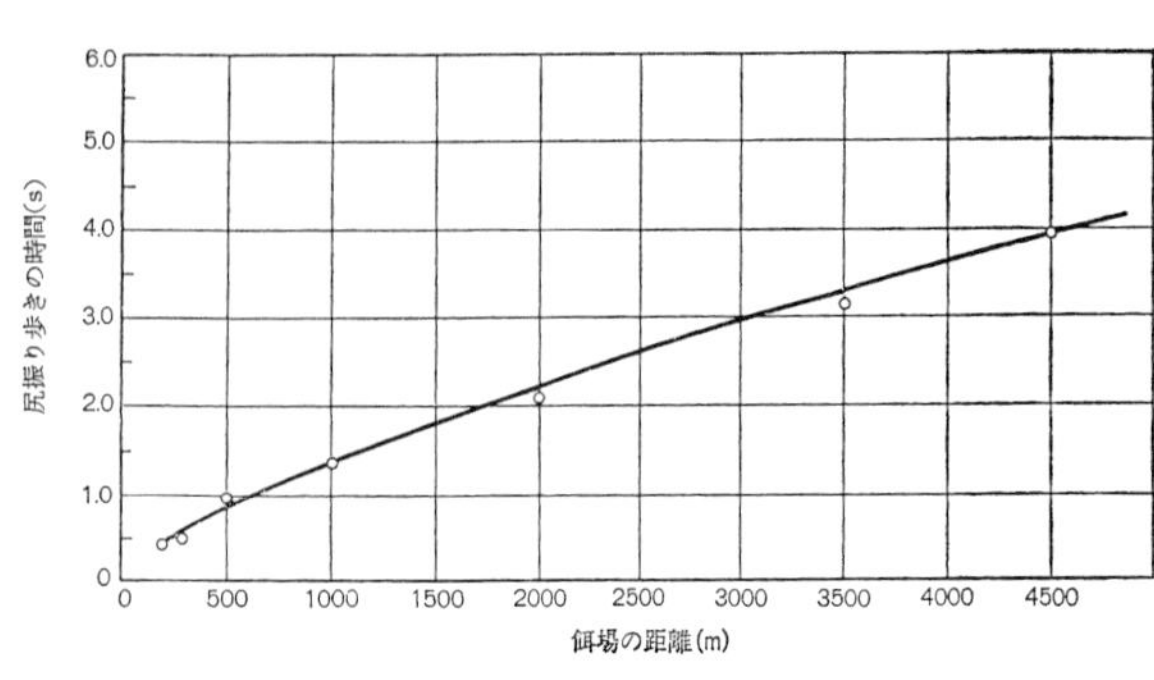

図 3-24　餌場までの距離を尻振り歩きの時間で伝える(フリッシュのノーベル賞講演より)

にも五分の魂」という言葉はあるが——、答えはなかなか難しかろう。フリッシュの発見から、ミツバチが精密に方位を測定し、それを記憶し、その情報を正しく伝える、すぐれたコミュニケーション能力を有していることは分かるが、ダンスを喜びの現れや仲間意識の共有といった心のレベルで捉えるには、無理があろう。

ただ、そうした行動によって種の保存につとめていることは間違いないので、個というより集団としての知性、文化の原型に当たる何かは有しているような気はする。そうだとすると、フリッシュの研究は心の問題をミツバチの行動観察というミクロの視点でアプローチする、とば口に立ったと位置づけられそうである。

〝ドリトル先生〟ノーベル賞をもらう

一九七三年にノーベル医学生理学賞を受けたもう一人のローレンツは、ガンやカモのヒナがみせる「刷り込み（インプリンティング）」と呼ばれる現象の発見者として知られている。ヒナが生まれて初めて目にした動くものを母親だと思い、後を追う習性である。

カルガモのヒナが隊列を成して親鳥のうしろをヨチヨチ歩くかわいらしい光景が、よくニュースで報じられる。普通の状況であれば、ヒナが目を開いたとき、そばにいるのは母鳥であるからそうなる。ところが、たとえば孵卵器（ふらんき）から取り出されたヒナが初めて見た動くものが人間であった場合、ヒナは人間を親だと思うよう、脳にプログラムされているのである。

ローレンツは孵卵器の中で生まれたハイイロガンのヒナ「マルティナ」と対面したときの自らの体験を『ソロモンの指環（ゆびわ）』（日高敏隆訳、ハヤカワ文庫）の中でこう綴っている（書名は、旧約聖書に記述されるソロモン王の魔法の指環に由来する。この指環をはめると、ソロモンは動物の言葉が分かるようになるのである。なお、ローレンツはソロモンの指環などなくても、自分はよく知っている動物となら話ができると述べている）。

「彼女（マルティナ）は頭をすこしかしげ、大きな黒い目で私を見上げて、じっとみつめる。そのとき彼女はかならず片目で見た。たいていの鳥の例にもれず、ハイイロガンも何かをちゃんと見定めようとするときは、かならず片目で見るのである。長い間、じつに長い間、ガンの子は私をみつめていた。私がちょっと動いてなにかしゃべったとたん、この緊張は瞬時にしてくずれ、ちっぽけなガンは私にあいさつをはじめた。つまり彼女は首を下げて私のほうへぐっとのばし、すごく早口にハイイロガン語の気分感情声をもらしたのである。……そして彼女の黒い瞳でじっとみつめられたとき逃げださなかったばっかりに、不用意にふたことみことなにか口を開いて彼女の最初のあいさつを解発(かいはつ)してしまったばっかりに、私がどれほど重い義務をしょいこんでしまったか、さすがの私も気づかなかった」(解発とはこの場合、ローレンツの語り掛けによってマルティナの最初のあいさつを誘発したこと。引用者注)。

マルティナはまだ立つことさえ危なっかしく、ゆっくり歩いても不安定でよろよろするにもかかわらず、ローレンツが立ち去ろうとすると、声もかれんばかりに泣きながら、必死で後を追ってきたという。そうまでされたら、相手が鳥でもさぞやかわいいであろう。おかげで、ローレンツは小さな籠を用意し、移動するときは、いつでもマルティナを持ち運べるようにしなければならなくなった。彼が一人で自由になれるのは、しばらくの間、マルティナが眠っているときだけであった。なるほど、重い義務を背負いこんだものである。

ミツバチの高度なコミュニケーション能力は、仲間同士において発揮されるものである。これに対し、ハイイロガンは刷り込みによって親だと思い込んだ人間とコミュニケーションをとり、喜怒哀楽の感情を発露している。マルティナにとってローレンツは甘え、頼るべき〝母親〟なのである。

『ソロモンの指環』から、もう一節引用しよう。

「ひとりぼっちの孤独にたいするこの深く本能的な嫌悪から、当然マルティナは私という人間にしっかり結びついてくることになった。マルティナは私がどこにいってもついてきた。書き物机で仕事をしているとき、私は彼女を私の椅子の下にすわらせておいた。そうすればマルティナはまったく満足しきっていた。彼女に手を焼くことはなかった。彼女がときどき気分感情声を発して、私がまだそこに生きているかどうかたずねるたびに、はっきりしない声でモガモガと答えてやりさえすれば、それで十分であった」。

図3-25 「ドリトル先生」と化したローレンツ(写真提供：ユニフォトプレス)

岩波少年文庫に、動物と会話のできる「ドリトル先生」のシリーズが収められているが、ハイイロガンの刷り込みを発見したローレンツはまさしく、ドリトル先生に同化したのである(図3-25)。もしこの児童文学に続編が書かれるとすれば、一九七三年はさしずめ「ドルトル先生ノーベル賞をもらう」となるかもしれない。

そして、それは鳥にも〝心〟と呼んで然るべき何かが存在する証左であった。

デカルトとラ・メトリ

これに関連し、心の問題について、かつてデカルトは『人間論』(一六四八年)の中で次のように論じている。同書によると、人体と機械に本質的な差違はなく、機械の働きについて適用される自然法則は、そのまま人体の機能にも当てはまるというのである。ただし、人間の心(精神)だけは機械論的な枠組みには収まらないとデカルトは考え、心と人体の諸器官を区分して捉えていた。一種の二元論である。

一方、動物の生理、行動はすべて機械論で説明がつくと解釈された。そこに、崇高な人間と他の動物との一線を画す明確な違いがあるというわけである。つまり、デカルトの説に従えば、心をもつのは人間だけであり、他の動物はただ自然法則に支配されて反応しているにすぎないということになる。

一七世紀に早くも、生命と非生命(物質)の壁を取り払い、自然法則には両者に等しく適用できる普遍性があると見抜いたデカルトの慧眼はさすがといえる。しかし、さすがのデカルトも心だけは人間のみがもつ、自然法則を超越した次元の異なる何かであり、動物には存在し得ないものと思い込んでいたようである。「諸学の統一」をスローガンに『哲学原理』(一六四四年)を著したデカルトであるが、その諸学の中にはまだ、動物行動学は存在しなかったのであろう。また、観察を通して、動物の生態を探るという意識もなかったわけである。

デカルトから一〇〇年後、『人間機械論』(一七四八年)を著したラ・メトリは、デカルトの二元論を一元化し、人間も動物も、脳の構造と役割は基本的に同じであると考えた。ただ、人間は動物よりも体のサイズに対する脳の重さがまさっており、脳のひだも多くなる。その分、人間の精神活動は動物よりも複雑、機微にたけるが、それは量的な差違にすぎない。本質的には、人間の脳も動物と同様、機械であり、心を特別扱いする必要はないというのが、ラ・メトリの見解である。最近、注目を集めている「人工知能」(ＡＩ)に通じるような生命観といえる。

こうして、生命活動は総体として唯物論に還元され、二〇世紀に入ると、その成果はノーベル賞の系譜にも映し出されるようになってきたわけである。ただし、その主流はあくまでもミクロの視点に立つ研究であった。しかし、繰り返しになるが、それだけで心の解明を行おうとしても、ライプニッツが指摘したような陥穽(かんせい)に落ち入ってしまう。そこで、脳の中を細胞レベルまで分け入るだけでなく、個体の行動を外からマクロの視点で観察する試みが求められてくる。登山にたとえれば、二つの対極的なルートから頂上をめざす必要がある。

動物に心はあるか?

最近、そうした関心を喚起しそうな研究が発表された。アメリカの人類学者B・J・キングが著した「死を悼む動物たち」という、いささかセンセーショナルなタイトルの論文がそれである(『日経サイエンス』二〇一三年一〇月号)。

多くの観察事例を集め、そこから人間と同様、動物も我が子や仲間の死を悲しんでいるのではないかという問い掛けがなされている。敷衍(ふえん)していえば、前節で指摘した動物の心や感情という難しい問題に、マクロの視点から科学のメスを入れようとする意欲的な取り組みである。まずは、論文で紹介されている具体例をいくつか見てみよう。

ギリシャの沖合で死んだ子イルカを鼻面(はなづら)と胸びれで押しながら泳ぐメスのイルカが、調査船に乗っていたイタリアの海洋生物学者によって目撃された。母親は直射日光を浴び腐敗が進む子どもの崩れかけた皮膚を死骸(しがい)から取り除いていた。翌日も、同じ行動をつづける母イルカの姿が見られた。子どもを運びつづけている限り、母親は餌を取ることができない。代謝量の大きいイルカにとって、これは命の危険を意味したが、母親は子どもの死骸を手放そうとはしなかった。こうした光景を目にした海洋生物学者は、母イルカは我が子の死を悼んでいると確信し、そのやさしい行動に敬意を抱いたという。

また、ケニアの野生動物保護区では、死に瀕したメスのゾウが倒れたとき、別のメスが近づき、倒れたゾウを牙で支え立ち上がらせようとする行為が保護団体のメンバーによって報告されている。その後、このゾウが死ぬと、複数のメスが死骸を取り囲み、牙や足で横たわったままのゾウを揺り動かそうとしたのである。こうした一連の動作を目にした保護団体のメンバーは、ゾウは仲間の臨終と死に対し共通した反応を示すと結論づけたという。

同じ保護区で、キリンの事例も観察されている。子どものキリンが死んだとき、母親だけでなく群の多くのメスが子どもを囲むようにして集まり、中には鼻面で死骸をつつくキリンもいた。ここにも死に立ち合った動物がみせる共通した反応が現れている。キリンたちは子どもの死骸が捕食動物によって持ち去られるのを防ごうと集団行動を取ったのであり、そこには死を悲しんでいる可能性を強くうかがわせるものがあると述べられている。

「死を悼む動物たち」には他にもチンパンジー、ゴリラ、コヨーテ、猫、さらには鴨まで、

重度障害の子 母と姉が支えた

野生チンパンジーで初観察 京大チーム

重度障害がある赤ちゃんチンパンジーを野生で初めて京都大のグループが確認し、研究成果が十日、霊長類学の国際誌電子版に掲載される。重度障害のあるチンパンジーは通常、生後すぐ死んでしまうため、これまで観察されなかったとみられるが、このチンパンジーは母親と姉が手厚く世話をして、二歳近くまで生存した。

赤ちゃんはメス。京大グループが長期間、観察している、アフリカ東部タンザニアの群れで二〇一一年に生まれた。中村美知夫准教授（霊長類学）によると、自力で座れず、常に目がうつろで口が半開きなどの症状が見られたという。

チンパンジーの赤ちゃんは通常、手足で母親のおなかにしがみつくが、このチンパンジーは足の力が弱いため、母親が常に片方の手で子を支え、残る手と足だけで森林を移動した。自力で乳首を探せないため、母親が乳首を口元に含ませて授乳をした。

母親が三十六歳で出産した六番目の子どもで、母親が餌を探す間は、このチンパンジーの十一歳上の姉が面倒を見ていた。その後、姉に子ができて育児を手伝えなくなったことなどが原因で、赤ちゃんチンパンジーは一二年十二月に、一歳十一カ月で死んだ。

中村准教授は「母親が子育て経験豊かで、姉の力も借りられたため育児放棄せず育て続けられた。障害があっても他者の援助で生きられる人間の社会性の起源を探る重要な材料になる」と話している。

障害のある赤ちゃんを世話する姉（中村准教授提供）

図 3-26　障害のある赤ちゃんの世話をするチンパンジーの姉
（『東京新聞』2015 年 11 月 10 日）

さまざまな生物種の観察例が紹介されている。こうした事例を読んでいると、動物たちにも人間に通じる高度な精神活動を行う心が宿っていることが分かる（デカルトが『人間論』で語ったことは、まったくの偏見、誤謬（ごびゅう）であった）。

これ以外にも、イルカなどのクジラ目（もく）や類人猿などが人間の心に共鳴する感情豊かな行動を取ることが、ここのところよく報じられるようになっているが、この話題の最後にもう一つ、新聞に載った心あたたまる感動的な観察例を引用しておこう。

京都大学のグループがアフリカ東部タンザニアで、重度障害をもって生まれたチンパンジーの赤ちゃんを母親と姉が協力して手厚く世話をしていることを確認した(図3-26)。こうした子育ての様子が観察されたのは、初めてであった。

この赤ちゃんは他のチンパンジーのように手足で母親のおなかにしがみつく力がないため、母親はいつも片方の手で子どもを支えながら森林を移動していたという。また、母親は自分で乳首を探せない我が子の口元に乳首をもっていき、授乳をしていたのである。そして、母親が餌を探す間は、姉が子守りをしていたのである。

この子は約二年後に死ぬが、障害があっても育児放棄せず、弱者を守りつづけたチンパンジーのやさしい行動には胸があつくなる思いがする。

二一世紀科学のフロンティア

フリッシュが発見したミツバチのダンス、ローレンツが発見したハイイロガンの刷り込み、さらには今、その一端を紹介した野生動物のやさしい振る舞いを思うと、生物は長い進化の過程で複雑な構造をもつにつれ、どこかで心と呼ぶべき無形の実体を宿すようになったことがうかがえる。

それを司る器官は脳であり、その機能は物質科学の研究によって徐々に明らかにされつつあるが、一方において個体が示す全体論的な現象に光を当てるには、動物行動学に立脚した観察事実を蓄積、分析することが重要になろう。そこに人間の複雑な心の原型が見て取れるからである。

こうした手順を考えると、「啐啄（そったく）」という言葉が浮かんでくる。「啐」は孵化が近づいたヒナが卵の中から鳴く声であり、「啄」はそれに呼応して親鳥が殻をつつく音である。つまり、内側からと外側からの両方の働きかけによって、殻が破られ、ヒナが生まれてくるわけである。心の謎に迫るにも、こうした二方面作戦が有効なような気がする。

それが二一世紀科学のフロンティアを形成し、いつかノーベル賞の系譜に名を連ねることになるかもしれない。

4章　ノーベル賞に見る宇宙のフロンティア

実験物理学となった宇宙論

二〇一一年のノーベル物理学賞は、「遠距離の超新星観測を通じた宇宙の加速膨張の発見」により、パールマター、シュミット、リースの三人に贈られた。パールマターはアメリカの「超新星宇宙プロジェクト」のチームリーダー、シュミットとリースはオーストラリアの「高赤方偏移超新星探査プロジェクト」のチームリーダーである。

3章で触れたように、一九六七年のベーテを第一号として、天文学関連の業績がノーベル物理学賞の対象として取り込まれてきたが、二〇一一年の授賞はその一環といえる(表4-1)。こうした流れが生じた要因として、まず、星の生成や進化の解明には核や素粒子の理論が適用され、宇宙論の研究では相対性理論が不可欠になってきたことがあげられる。また、それと相俟(あいま)って、観測手段も物理学の方法に負うところが大きくなっている。その両面から、天文学は物理学に包摂されてきたのである。

この状況を端的に物語るのが、一九九八年にパールマターが発した次の言葉である。宇宙の加速膨張——これについては後で詳しく述べるが——を示す確実な証拠を手にしたパール

表 4-1　天文学関連分野のノーベル物理学賞

1967 年	H. A. ベーテ	核反応による星のエネルギー生成過程の発見
1970 年	H. O. G. アルヴェーン	電磁流体力学の研究とそのプラズマ物理への応用
1974 年	M. ライル	電波天文学の研究，とくに開口合成の技術の発見
	A. ヒューウィッシュ	電波天文学の研究，とくにパルサーの発見
1978 年	A. A. ペンジャス R. W. ウィルソン	宇宙背景放射の発見
1983 年	S. チャンドラセカール	星の進化と構造に関する物理的過程の研究
	W. A. ファウラー	宇宙の化学物質生成過程における核反応の研究
1993 年	R. A. ハルス J. H. テイラー	重力研究に新しい可能性を開いた新型パルサーの発見
2002 年	R. デイヴィス 小柴昌俊	天文物理学，とくに宇宙ニュートリノの検出に関する先駆的な寄与
	R. ジャコーニ	宇宙 X 線源の発見に導いた天体物理学への先駆的な貢献
2006 年	J. C. マザー G. F. スムート	宇宙背景放射の黒体放射スペクトルと異方性の発見
2011 年	S. パールマター B. P. シュミット A. G. リース	遠距離の超新星観測を通じた宇宙の加速膨張の発見

（小山慶太『ノーベル賞でたどる物理の歴史』丸善出版より）

マターは、この年、ワシントンで行われた記者会見で、いみじくも「宇宙論は哲学ではなく、実験物理学に昇格した」と語ったそうである(R・パネク『4%の宇宙』谷口義明訳、ソフトバンク クリエイティブ)。それから一三年後、彼の言葉はノーベル物理学賞となって、みごとに証明されるのである。

ハッブルの法則と宇宙の膨張

ここで、時代はいったん一世紀前に遡る。一九一四年、アメリカのスライファーが初めて、銀河(無数の恒星の集団)から届く光が強いドップラー効果を示す観測写真を発表した。

一般に光源が観測者に対して運動していると、光の波長は光源の運動方向と速度に応じて変化する。これがドップラー効果である(一八四二年、オーストリアのドップラーによって唱えられた)。光源が観測者から遠ざかる場合は、光のスペクトルは全体的に長い方へ、色でいうと赤い方へずれてくる。この現象を赤方偏移という(逆に、光源が近づいてくる場合は青方偏移となる。図4-1)。スライファーが撮影した銀河のスペクトルは顕著な赤方偏移を示していた。つまり、地球から相当の速度で銀河は後退しつつあったのである。

スライファーはその後、二五の銀河について光のスペクトルを観測し、ほとんどの銀河が赤方偏移を示すことを確認している。この結果に注目し、銀河までの距離と地球から銀河が遠ざかる後退速度の関係を求めたのがハッブルである(図4-2)。

今、述べたように、後退速度は赤方偏移の度合から決定できるが、銀河までの距離を測るのは実はなかなか難しい。そこで、ハッブルが利用したのが変光星である。これは見かけの光度(明るさ)が時間によって変化する奇妙な恒星で、その第一号は一五九六年に発見されて

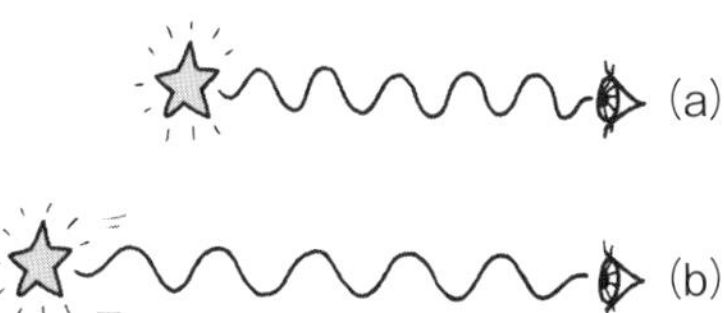

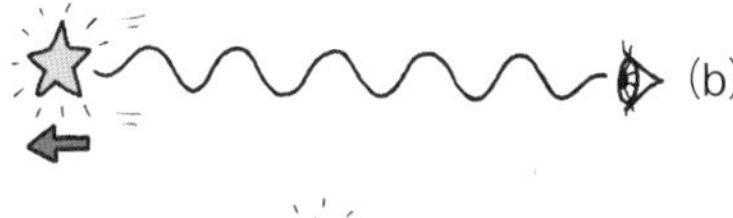

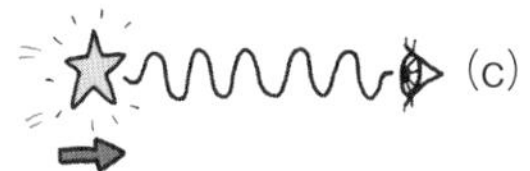

(a)光源が観測者に対し静止している場合.
(b)光源が観測者から遠ざかっていく場合，波長が伸び，赤方偏移が起きる.
(c)光源が観測者に近づいてくる場合，波長が縮み，青方偏移が起きる.

図4-1　ドップラー効果(作画：村山宇希)

図4-2　パルマー山天文台でのハッブル，1949年(P.マーディン『宇宙の謎』冨永星訳，岩波書店より)

いた。

この年の八月、ドイツのファブリティウスはクジラ座にある恒星が徐々に暗くなり、一〇月にはとうとう見えなくなってしまったことに気がついた。ところが、しばらくすると、消滅したと思っていた星が再び光を放ち始め、今度は少しずつ、明るさを増していった。蘇った星に興味を抱いたファブリティウスが観測をつづけた結果、この星は一年弱の周期で明暗を繰り返していることが分かったのである。以降、今日まで、約三万個の変光星が見つかっている。

ところで、地球上で見る星の明るさはすべて、見かけの光度になる。どんなに絶対光度(見かけではなく本当の明るさ)が大きい明るい星でも、それが地球から遠方にあればあるほど、暗く見える。従って、絶対光度が分からない限り、見かけの明暗だけでは、その星が近くにあるのか遠くにあるのかは判別できない。

ところが、変光星の場合は、変光周期からその絶対光度を知ることができるという利点がある。一九一二年、ハーバード大学天文台がそれまでの変光星の観測結果をまとめたところ、変光周期と絶対光度に定量的な関係が成り立つことが見出された。そこから、変光星が明暗を繰り返す周期を知れば、その絶対光度が求まることになる。

絶対光度が分かれば、見かけの明るさと比較することにより、その星までの距離が決定できるわけである。そこで、ハッブルはまず、多くの変光星の観測データを蓄積し、それらが属するさまざまなタイプの銀河(図4-3)までの距離を算定してみた。

その結果は一九二九年に発表されたが、それによると、地球からの距離に比例して、銀河

図4-3 ハッブルが写真撮影によって分類した銀河の型の例("The Realm of The Nebulae" Edwin Hubble, Yale University Press 1936より)

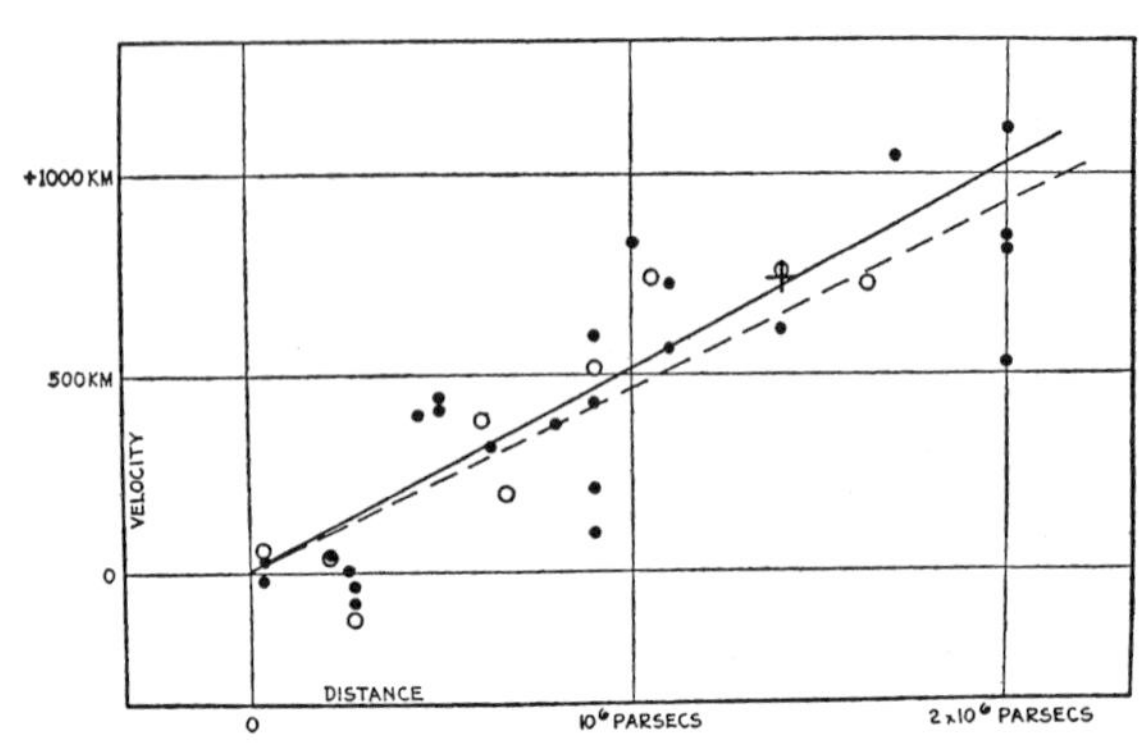

図 4-4　ハッブルの法則．横軸は距離(単位パーセク，1パーセクは約 3.3 光年)，縦軸は後退速度(単位 km/s)
(E. Hubble, 前掲書より)

の後退速度が増加していくことが明らかにされた(これを「ハッブルの法則」という。図4-4)。つまり、遠方にある銀河ほど速いスピードで地球から離れていくことになる。

この事実は取りも直さず、宇宙が一様、等方的に膨張していることを表していた。ただし、膨張する空間の中心に地球があるという意味ではない(もはや、天動説が復活する時代ではなかった)。宇宙のいかなる地点で観測しても、同じ現象が見られるのである。宇宙には中心という特別な場所は存在せず、銀河を包み込む空間そのものが膨れ上がっていくのである。

それまで、宇宙がこうした〝動的〟な描像で捉えられることはなかった。全体としてみれば、宇宙は未来永劫(みらいえいごう)に渡り常に〝静的〟な状態でありつづけるものと信じられていたからである。

ノーベル賞からはずされたハッブル

そう強く信じていた一人に、アインシュタインがいる。アインシュタインは一九一五年、重力場の方程式を導き出した。そして、一九一七年、論文「一般相対性理論における宇宙論的考察」を発表し、重力場の方程式を宇宙全体に適用するという壮大な試みに挑んだ。このとき、天才は宇宙を静的な姿に保つため、方程式に「宇宙項」と呼ばれる補正項を人為的に付け加えてしまった。当初、導出した方程式をそのまま適用すると、その解として求まる宇宙は動的になってしまうため、それを避けたかったアインシュタインは強引に物理学的根拠不明のまま、宇宙項なるものを方程式に挿入したのである。

そうまでして自分の信念を貫き通そうとしたアインシュタインであるが、ついに動的な宇宙を認めざるを得ない日がやってきた。

一九三一年、ウィルソン山天文台を訪れたアインシュタインは(図4-5)、そこでハッブルから赤方偏移を示す銀河のスペクトル写真をみせられた。このとき、自分の目で観測事実を確かめた天才は、重力場の方程式から宇宙項を放棄したのである。

図 4-5　1931 年，ウィルソン山天文台を訪れたアインシュタイン(左端)(A.ロビンソン編著，前掲書より)

歴史を振り返ると、一五四三年、コペルニクスが『天球の回転について』を著し、地動説(太陽中心説)を提唱している。古代ギリシャの時代から固く信じられていた天動説(地球中心説)を否定し、まさに〝驚天動地〟の新しい宇宙論を世に問うたわけである。コペルニクスは精度の高い観測データにもとづいて旧説をくつがえしたわけではなかったのだが(この点については、多分に誤解されている向きがある)、『天球の回転について』が宇宙論に根本的な変革をもたらすきっかけをつくったことは間違いない。後に、ドイツの哲学者カントが『純粋理性批判』の中で「コペルニクス的転回」と形容するような出来事が起きたわけである。

カントの言葉を借りれば、静的宇宙を動的宇宙へと転換させたハッブルの法則はまさしく「コペルニクス的転回」と称賛して然るべき発見であった。しかも、それは変光星という絶対光度の基準光源と光の赤方偏移を観測した客観的データにもとづく成果であった点を考えると、コペルニクス以上に「コペルニクス的転回」であった。

あのアインシュタインに自分の信念から導入した宇宙項を諦めさせたことにも、ハッブルの業績の偉大さが現れている。そして、その延長線上に、二〇一一年のノーベル物理学賞に輝いた宇宙の加速膨張が来るわけである。

しかし、ハッブルにノーベル賞が贈られることはなかった。それは宇宙の膨張を示す発見が当時、注目されなかったということではなく、天文学の分野がノーベル物理学賞の範疇に収められるという認識がまだ、なかったからであろう。そこにも、ノーベル賞を通して映し出される科学の変遷が見て取れる。

三つめの〝コペルニクス的転回〟

ところで、ハッブルの法則が示すように宇宙が膨張しているのは、宇宙が誕生したときの勢いが今なお、持続しているからだとみなされた。しかし、空間を内側から押し広げる新たな要因は見当たらない以上、宇宙に分布する物質(天体や塵(ちり)、星間ガスなど)同士の重力が引力として働くため、それがブレーキとなり膨張は減速するであろうと考えられていた。

ところが、そうではなかった。減速するものと思われていた宇宙の膨張は逆に加速しているという予想外の観測結果が、一九九八年、パールマターらによって報告されたのである(図4-6)。

ここで、彼らが基準光源に用いた天体は変光星ではなく、Ia型と呼ばれる超新星である。

超新星とはその名称とは裏腹に、一生を終えた恒星が爆発を起こし、〝今わの際(きわ)〟に明るく

図4-6 パールマター．後方の図は1987年に観測された超新星(P.マーディン，前掲書より)

光を放つ現象である(古くは一五七二年、ティコ・ブラーエがカシオペア座に現れた超新星を、一六〇四年には、ケプラーがへびつかい座に現れた超新星を観測し、その記録を残している。ただし、当時、その正体は謎(なぞ)であったが)。

その絶対光度は太陽の一〇〇億倍に達することもある。なかでもIa型はひときわ明るく、それが属する銀河全体に匹敵するほどの輝きも見せるので、何十億光年という深い宇宙からの情報をもたらしてくれる。加えて、Ia型超新星は絶対光度にばらつきが少ないため、基準

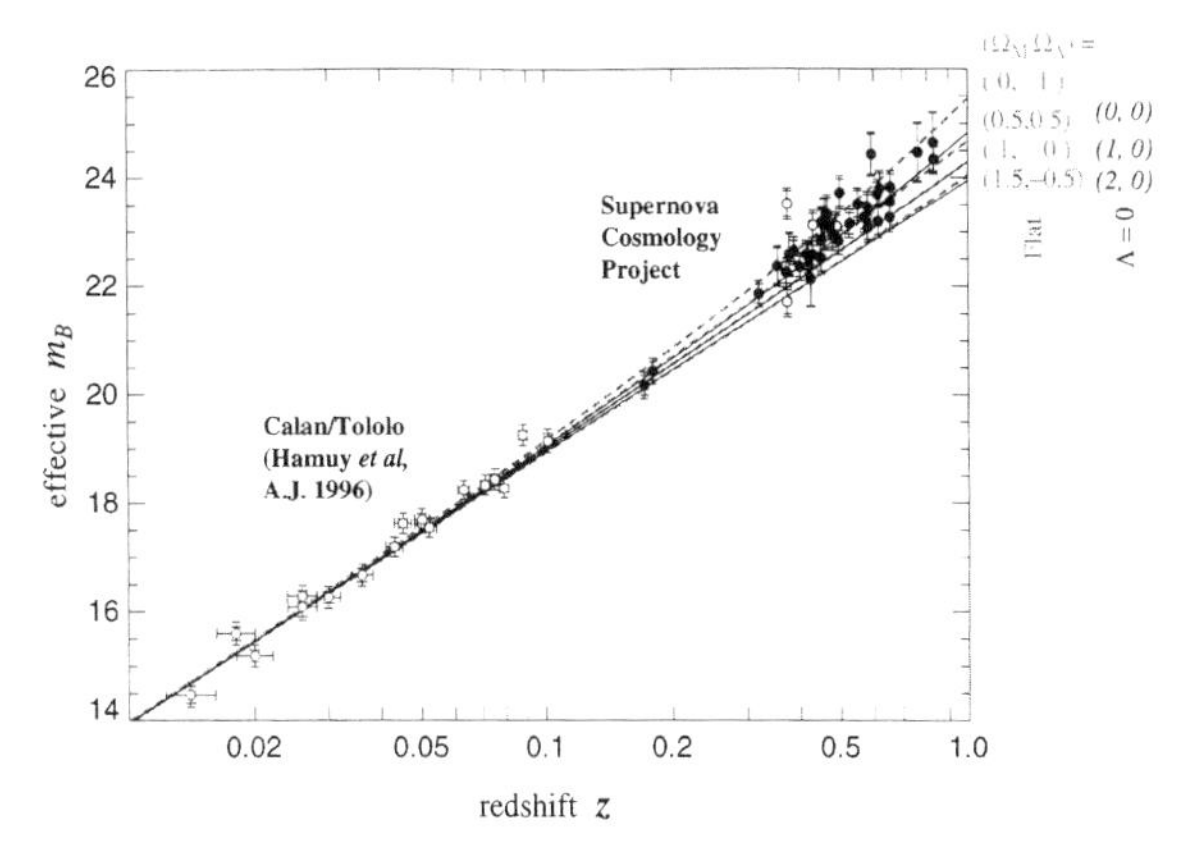

図 4-7　Ia 型超新星の赤方偏移と見かけの明るさの関係
(S. Perlmutter et al.,"Astrophysical Journal" 1999 June 1より)

光源として利用するのに適しているという利点がある。

そこで、遠方に現れるIa型超新星を見つけ出し、見かけの光度と比較すれば、そこまでの距離が求められる。同時に、スペクトルの赤方偏移を測定すれば、後退速度も知ることができる。これによって、宇宙の膨張が加速か減速かが判定できることになる。

図4-7は、パールマターのチームが観測した宇宙の加速膨張を示すグラフである。横軸は赤方偏移で後退速度に対応する。縦軸は見かけの明るさで、数値が上がるほど暗くなる。

ここで、赤方偏移の大きい四二個の超新星のデータを見てみると(グラフの右上の領域)、見かけの明るさがより暗い方(縦軸の数値の大きい方)にずれていることが分かる。ハッブルの法則から赤方偏移は天体までの距離に比例するので、宇宙の膨張が一定の速度で進行していれば、こうしたずれは生じないはずである。

ところが、膨張速度が加速していると、赤方偏移が大きくなるにつれ、つまりより遠くなるほど、加速している分、距離が広がるので、見かけの明るさはより暗くなるわけである(赤方偏移が小さいグラフ左下の領域でも同じ現象は起きるが、そこでは加速膨張の効果は小さくなる)。

かくして、二〇一一年のノーベル物理学賞は、「天動説→地動説」(コペルニクス、一五四三年)、「静的宇宙→動的宇宙」(ハッブル、一九二九年)につづき、「宇宙の減速膨張→加速膨張」という、三つめの〝コペルニクス的転回〟を起こした業績に贈られたのである。

加速膨張と暗黒エネルギー

さて、そうなると、宇宙の膨張が加速している原因は何かという新たな謎が浮上してくる。それが1章の最後に触れた「暗黒(ダーク)エネルギー」である。今のところ、その正体は皆目不明であるが、空間を押し広げる何らかのエネルギーが真空中に均一に分布していると考えられている。

しかも、宇宙が膨張しても、その加速はつづいているわけであるから、真空を占める暗黒エネルギーの密度は空間が拡大しても、減少しないことになる。不思議というほかはない。

そもそも、真空をからっぽ、つまり虚無の空間という概念で捉えようとすると、そこに宇宙全体にわたって何かが遍(あまね)く均一に存在しているという解釈自体、言葉の上では矛盾である。言葉の上では矛盾でも、1章で述べた量子力学の不確定性原理に従うと、〝無〟から〝有〟を創り出すことは――一定の制約はあるものの――可能になる。具体例をあげると、湯川の中間子論(一九四九年ノーベル物理学賞)やラムとクッシュの実験(一九五五年ノーベル物理学賞)、そしてそれを理論的に説明した朝永らの量子電磁力学の研究(一九六五年ノーベル物理学賞)などが、それに該当する。

つまり、不確定性原理が許す範囲内で起きる〝仮想過程〟により、真空には絶えず、さまざまなエネルギーが中間子や光子あるいは電子と陽電子の対の形をとって、生成、消滅を繰り返しているのである。鴨長明の『方丈記』に、「よどみに浮ぶうたかたはかつ消えかつむすびて、久しくとどまりたるためしなし」という有名な一節がある。真空の世界にも、こうした光景が想い浮かぶような現象が明滅しているのである。

宇宙を加速膨張させている暗黒エネルギーが同じように、不確定性原理に依拠して真空から湧き出ているものなのか、まったく異質な実体なのかは、今のところ不明である。不明ではあるが、それ故に、第三の〝コペルニクス的転回〟は素粒子論と宇宙論を融合しながら、二一世紀の科学の発展をテクノロジー分野も含め、促すことになる大きな課題を提示したのである。

ビッグバンと宇宙背景放射

ところで、今日、宇宙はビッグバン理論に立脚して捉えられているが、そのきっかけをつくったのがハッブルの法則である。

一九三一年、ウィルソン山天文台で銀河の赤方偏移の写真を見せられたアインシュタインは、友人のベッソーに宛てた手紙に「宇宙の膨張を10^{10}年から10^{11}年前へ外挿してみると、宇宙が原点に集中してしまうことになります。この事態には本当に興奮させられます」と、その驚きを語っている。

天才が綴ったように、ハッブルの法則を認めると、時間を巻き戻して過去に遡れば、宇宙はどんどん収縮していき、きわめて極小な領域(アインシュタインのいう原点)に収まってしまう。ハッブルの観測結果から、アインシュタインはそれがおよそ10^{10}〜10^{11}年前と見積もったのであろう。つまり、宇宙には〝始まり〟があり、時間も空間もその時点で創り出されたことになる（現在のビッグバン宇宙論によると、宇宙の年齢は約一三八億年と算定されている）。

そうなると、宇宙に今あるすべての物質（星、星間ガス、塵など）や放射（さまざまな波長の電磁波）の素（もと）が極小の領域に詰め込まれていたわけであるから、そこは想像を絶する超高密度、超高温の世界になる。一九四六年、核物理学の理論家として知られたガモフはこの超高密度、超高温の〝火の玉〟が大爆発（ビッグバン）を起こして宇宙は誕生し、その膨張が今もつづいているとする仮説を発表した。そして、大爆発を起こす前、火の玉の中は2章で述べた熱平衡状態にあったと考えた。この状態にあると、そこに充満する電磁波は温度だけで決まるスペクトル（波長に対するエネルギーの分布曲線）を示す。

ビッグバンを起こした宇宙は膨張とともに温度を下げていったので、百数十億年が経過した今、火の玉は極低温まで冷えてしまったが、現在の宇宙の温度に対応する熱平衡の電磁波のスペクトルが観測されるはずとガモフは予測した。かつて火の玉の中に充満していた超高エネルギーの電磁波の名残りが、〝冷たい〟電波となって宇宙全体に均質、等方的に分布しているというわけである。

ガモフの予測を実証し、一九七八年のノーベル物理学賞を受賞したのが、ペンジャスとウィルソンである(図4-8)。

図4-8　宇宙背景放射を観測したペンジャス(左)とウィルソン(右)("Nobel Lectures Physics 1971-1980" World Scientific より)

一九六四年、彼らは通信衛星用に開発された角型(ホーン)アンテナ(図4-9)に、発生源不明の雑音(ノイズ)電波(波長七・三五センチメートル)が常に混入してくることに気がついた。しかも奇妙なことに、その電波は一年を通じ、いつでも、あらゆる方向から同じ強さでアンテナに飛び

図4-9　角型アンテナ(ウィルソンのノーベル賞講演より)

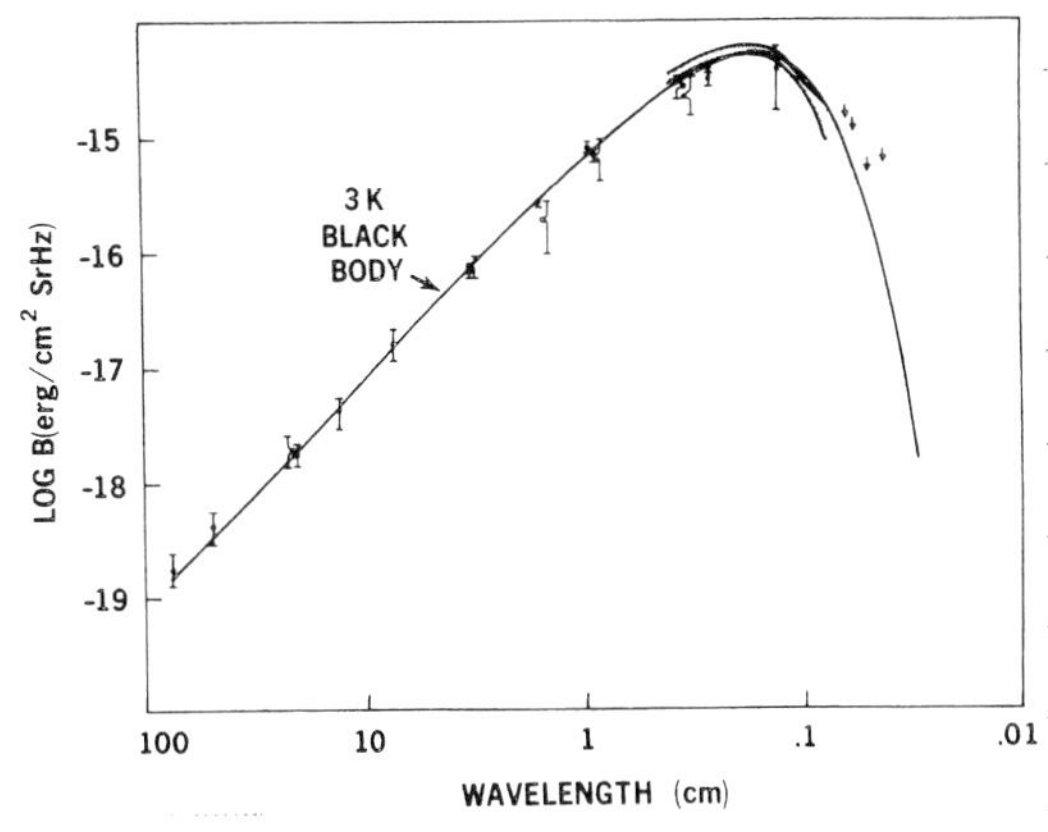

図4-10　宇宙背景放射のスペクトル(ウィルソンのノーベル賞講演より)

込んでくるのである。

初めに、雑音の原因として、人工的な電波源が調べられたが、該当するものは見つからなかった。かといって、それは時間に依らず、等方的で強度も一定なことから、特定の天体が放射する電波とも考えられなかった。

そう、その正体こそ、百数十億年の昔、実際にビッグバンが起きていたことを示す証拠であった。それは温度に換算すると約三K(およそマイナス二七〇℃)の冷たい電波で、宇宙空間に均一に分布しているため、昼夜、季節に関係なく、アンテナをどの方向に向けても、同じ電波が受信されていたのである。

この電波は均一な分布の仕方から、「宇宙背景放射」と呼ばれるようになる(図4-10)。

当初、邪魔ものとみなされていた電波の雑音が実は、宇宙開闢(かいびゃく)を知らせる信号であったわけであるから、科学の研究というのは面白いものだと思う。「瓢箪(ひょうたん)から駒」という言葉があるが、この偶然の大発見は「雑音から宇宙背景放射」となったのである。

星々の〝種〟

というわけで、宇宙背景放射の発見は偶然の産物であったが、それは誕生間もない宇宙の貴重な情報の宝庫であることから、さらに詳しい観測計画がスタートした。その役割を担ったのが、一九八九年、NASA(アメリカ航空宇宙局)が高度九〇〇キロメートルの円軌道に打ち上げた宇宙背景放射探査衛星「COBE」(Cosmic Background Explorer. 図4-11)である。

そして、このプロジェクトを立案、指揮したのがマザーとスムートの二人で、彼らは二〇〇六年、「宇宙背景放射の黒体放射スペクトルと異方性の発見」により、ノーベル物理学賞を受賞することになる(図4-12)。

その受賞理由には、二つの重要な観測成果があげられている。黒体放射スペクトルとその異方性である。まず、前者から述べておこう。

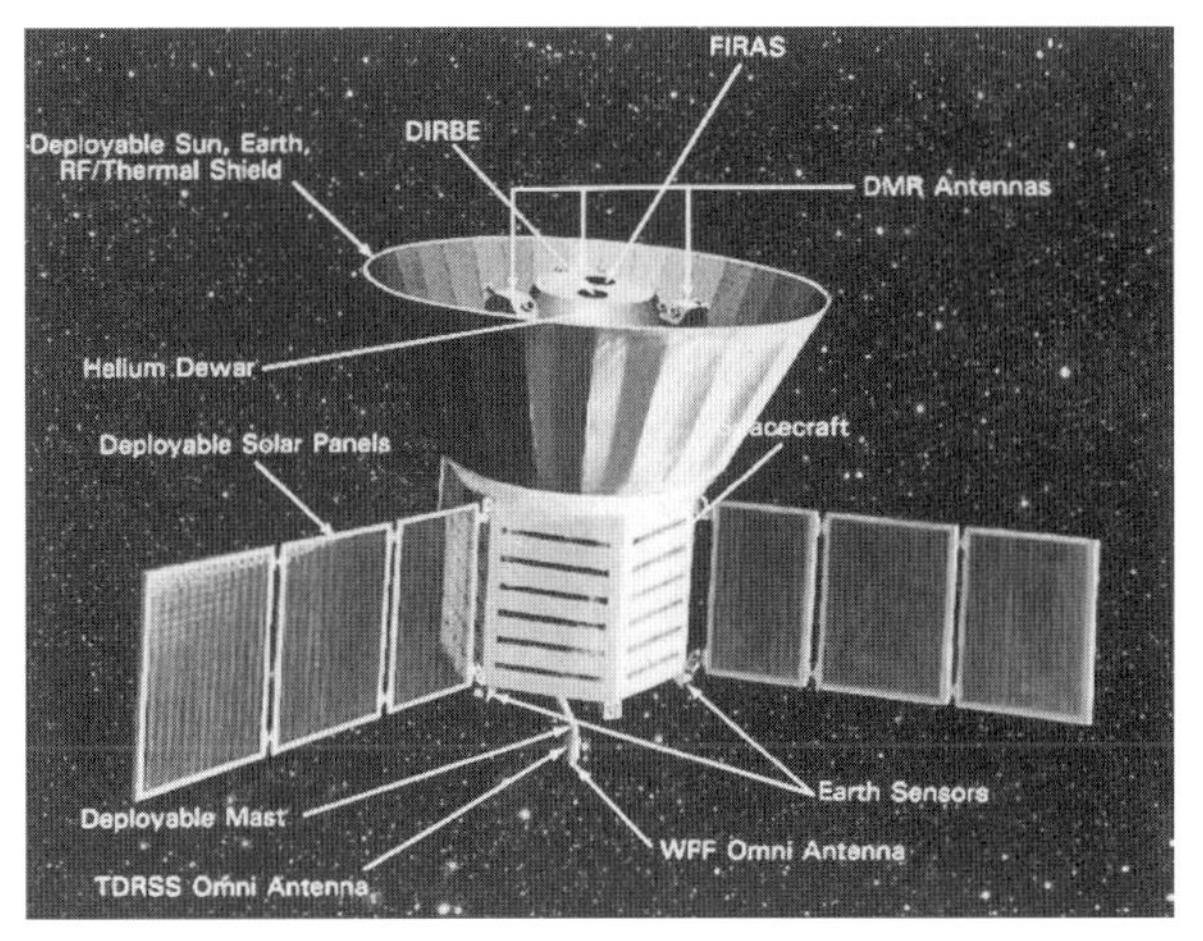

図 4-11 COBE(マザーのノーベル賞講演より)

スムート　マザー

図4-12 2006年のノーベル物理学賞を受賞した2人.マザーの後ろに見えるのはCOBEのイラスト("Nobel Lectures Physics 2006-2010" World Scientific より)

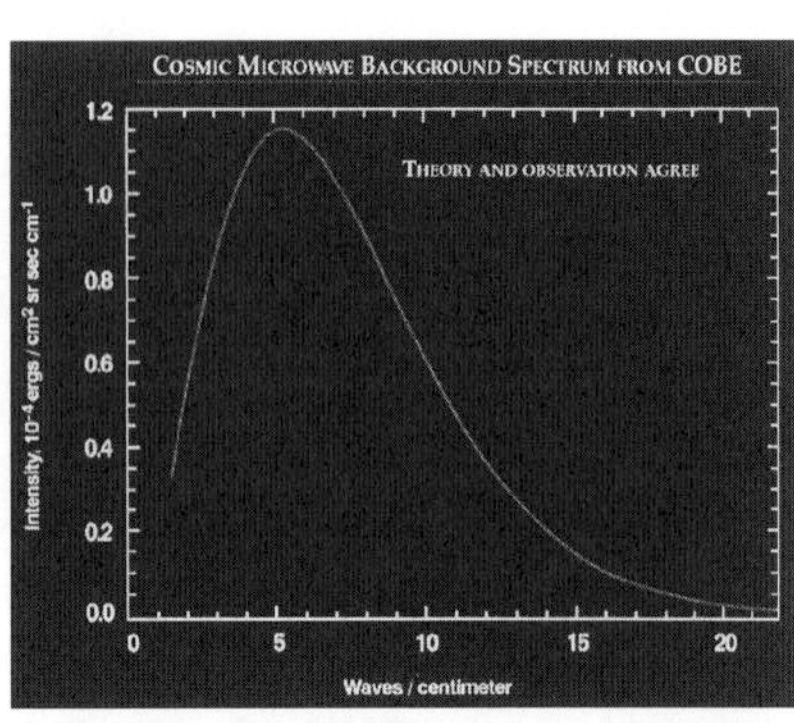

図 4-13　COBE が観測した宇宙背景放射のスペクトル．横軸は電波の波長（単位は cm），縦軸は電波の強度（スムートのノーベル賞講演より）

ここでいう黒体放射とは熱平衡状態にある物質がその温度だけで決まるスペクトルの電磁波を放射する現象で、今の場合、熱放射と同義である（2章「プランクの放射法則」参照。なお、熱平衡に達するとすべての波長の電磁波が物質に吸収されることから、黒体という表現をすることがある）。

図4-13はビッグバン理論により求められる温度が二・七二六Kの黒体放射のスペクトルである。COBEに搭載された検出器FIRAS（図4-11参照）による宇宙背景放射のデータは、完全に理論から計算されるスペクトル曲線と一致していた（点で示された観測データは図4-13の曲線の上に表記されているが、細かすぎてよく見えない）。ここに、ペンジャスとウィルソンが発見したビッグバンの〝残光〟の全貌がより高い精度をもって、明らかにされたのである。

黒体放射のスペクトルと並んでもう一つ重要な発見が、宇宙背景放射の異方性である。

ペンジャスとウィルソンは約三Kの温度に対応する電波が常に、宇宙のあらゆる方向から均一にやってくることを発見したわけである。ところが、ここで一つやっかいな問題が生じてしまった。電波で示される宇宙の温度の空間分布が完全に等方的、一様であるとすると、星が生まれることはなかったからである(そうなると、人間が現れるチャンスも摘み取られてしまう)。

なぜ、そんな事態に陥るかというと、背景放射の温度分布は初期宇宙における物質の素の密度分布に対応するからである。

この密度分布にほんのわずかでも濃淡のむらがあると、つまり異方性が見られると、密度の相対的に高いところに周囲の物質が重力によって引き寄せられ、塊（かたまり）が生じる。この塊がさらに重力によって収縮し、密度と温度がある臨界値に達すると、核融合反応が起こり、星となって輝き始めるわけである。

少し注釈を加えておくと、高温、高密度の空間を水素やヘリウムなどの軽元素の核が激しく動きまわると、それらは合体して原子番号の大きい核となる。このとき、合体前後の質量の差がアインシュタインの有名な式「$E=mc^2$」に従って、エネルギーとして放出される。

この過程が核融合である。なお、星の中で進行する核融合サイクルを発見し、星のエネルギー生成過程を明らかにしたのはベーテ(図4-14)で、一九六七年にノーベル物理学賞を受賞している。これが天文学関連分野のノーベル賞第一号となった(表4-1参照)。

図4-14　ベーテ(『ノーベル賞講演　物理学10』講談社より)

さて、話を戻すと、反対にもし初期宇宙の物質の密度分布に濃淡のむらがまったくなく、完全に一様であったとすると、今述べた理由から、星は生まれず、宇宙はただのっぺりしたまったく特徴のない空間のまま、膨張をつづけるだけになる。

しかし、現実には夜空には無数の星が輝いているわけであるから、宇宙背景放射の温度分布にはごく微弱ながら高低の差を示す異方性が見られるはずである。それが初期宇宙における物質の密度の濃淡に対応し、濃いところがやがて星々を生み出す〝種〟となったのである。

一九九二年、COBEに搭載された検出器DMR(図4-11参照)はついに、この温度分布の異方性を検出するのに成功した(図4-15上)。その値はわずか一〇万分の一という温度の

〝ゆらぎ〟にすぎなかったが、これこそが探し求めていた星々の〝種〟であった。

COBEにつづいて二〇〇一年、観測精度を向上させたウィルキンソン・マイクロ波異方性探査機「WMAP」(Wilkinson Microwave Anisotropy Probe)が打ち上げられた(ウィルキンソンはWMAPの開発に尽力しながら、計画途上で亡くなったアメリカの科学者の名前)。図4-15の下は、WMAPが捉えた宇宙背景放射のより詳しい温度分布である(上下の図とも濃淡で示した温度差は拡大して表してある)。

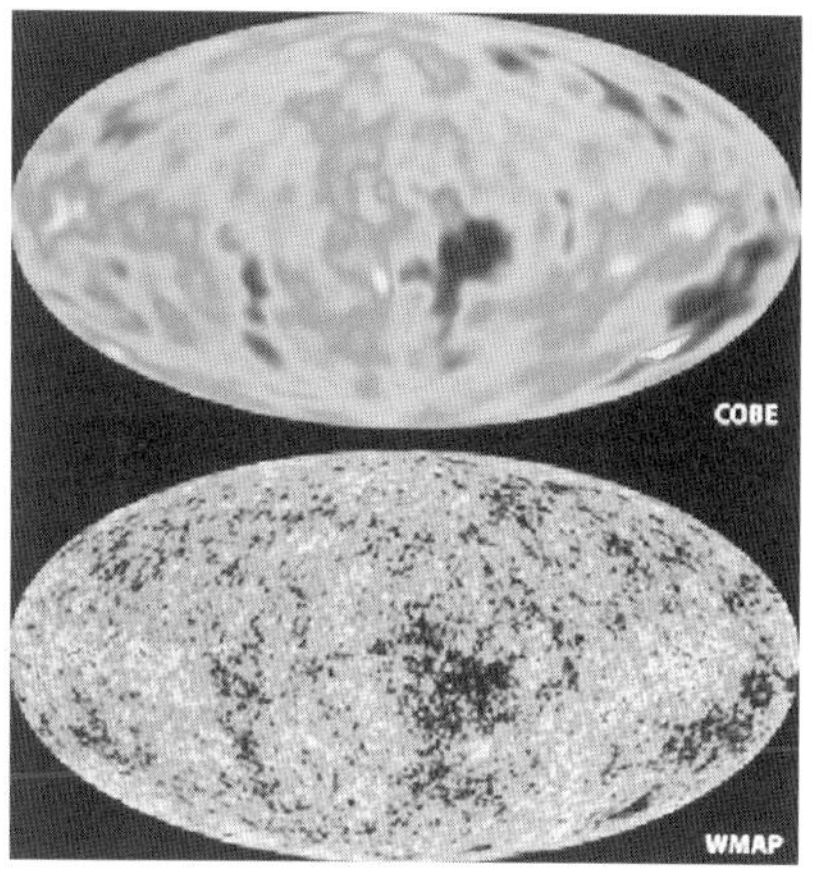

図4-15 COBE(上)とWMAP(下)による宇宙背景放射の温度分布の異方性. その違いはほんのわずかであるが, 拡大された濃淡模様で表されている(スムートのノーベル賞講演より)

つまり、約一三八億年前に誕生したとき、宇宙は物質の密度分布(温度分布)に関し、九九・九九九%の一様性(等方性)をもっていた。しかし、なぜかは分からないが、一様性は一〇〇%ではなかった。〇・〇〇一%のゆらぎをもって宇宙は創造されたのである。そして、このゆらぎがあったからこそ、今、私達はここにいるわけである。

そう考えると、COBEとWMAPが検出した温度分布は、宇宙に人類のような知的生命を創出させる目的で描かれた設計図のように思えてくるが、如何であろうか。

人間は星くずの集まり

以上見てきたように、ビッグバン理論の根拠としてハッブルの法則(二〇世紀末、加速膨張の修正が加えられたが)と宇宙背景放射(そこには一〇万分の一のゆらぎが観測されたが)があげられる。この二つは直感的にも、ビッグバンのイメージと直結するが、実はもう一つ重要な事実がある。

それは、軽元素の量がビッグバン理論から計算される値と観測値とで高い精度をもって一致することである。

超高密度、超高温状態にあった初期の宇宙では、水素(陽子一個から成る原子核)とヘリウム(陽子二個と中性子二個)が主として合成されたと考えられている(他にごく微量のリチウム、ベリリウムなど)。陽子と中性子を素材としてこうした軽元素が合成される過程は、核反応の実験データから理論的に求められる。また、ビッグバン理論から、初期宇宙における密度と温度の関係を仮定すると、その条件下で進行する核反応の過程が計算できる。

これらの結果をもとに、誕生間もない宇宙に存在する元素の種類(主として水素とヘリウム)とその割合が決定される。

一方、宇宙の遠方から届く光のスペクトルの観測などを通し、そこに存在する元素の組成を知ることができる(光の速度は有限なので、遠くを見ることはそれだけ過去の世界を眺めることになる)。こうして得られたデータと理論値がよい一致をみることから、ビッグバン理論の有力な証拠がもう一つ加わったのである。

なお、宇宙に存在する元素のうち、その約七三%が水素(原子番号1)、約二五%がヘリウム(同2)である。つまり、二種類の軽元素だけで組成比の約九八%を占めることになる。

では、重い元素はいつ、どこでつくられたのであろうか。それは軽元素の核融合によって誕生した星の中で合成されてきたのである。星が輝かなければ、宇宙は水素とヘリウムだけで終わってしまったことになる。

図4-16　ファウラー
("Nobel Lectures Physics 1981-1990" World Scientific より)

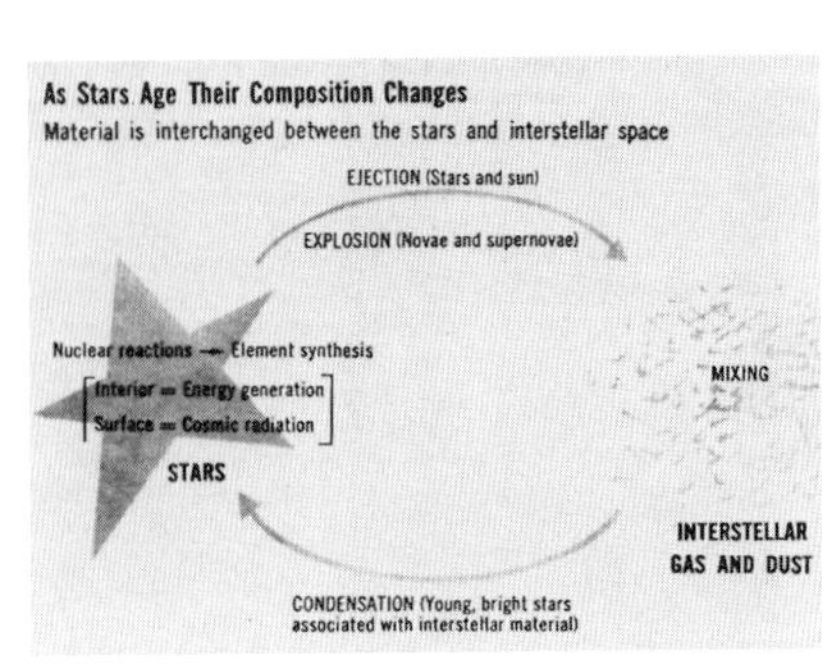

図 4-17　星の内部での元素の合成
（ファウラーのノーベル賞講演より）

その詳しいメカニズムを解明し、一九八三年、「宇宙の化学物質生成過程における核反応の研究」でノーベル物理学賞を贈られたのがファウラーである(図4-16)。

図4-17はそのときの受賞講演でファウラーが用いた、星の中で元素が合成される過程を描いたものである。それを見ると、次のような循環が起きていることが分かる。

まず、宇宙空間に漂うガスや塵などの星間物質が(図の右側)、互いの重力で引き寄せ合い凝縮すると星が誕生し、輝き始める(図の下から左側へ至るプロセス)。すると、そこで核反応が進行し、軽元素を材料にして重い元素(原子番号26の鉄まで)が順次、合成される。このとき、星の内部では$E=mc^2$に従ってエネルギーが生み出され、表面では宇宙空間に向けさまざまな放射線が発生する。

こうした状態に達すると、重力による凝縮と核反応で生じる熱による膨張のバランスが保たれ、その間、星は安定して輝きつづける。太陽は今、まさにその段階にある(図の左側から右へ至る矢印の上側の説明)。

ところが、星の内部でつくられる重い元素がふえ、その材料となる軽い元素が減少していくと、どこかの段階で重力による凝縮と熱膨張のバランスが崩れ始める。そして、星の質量などが一定の条件下にあると、星は内側から急膨張し、爆発を起こして、その一生を終える。これが超新星である(図の上に引かれた矢印の下側の説明)。このときの衝撃により起こる核反応の結果、鉄よりも重い原子番号27以上の元素が合成される。

こうして一生を終えて粉微塵(こなみじん)に吹き飛んだ星は、宇宙空間に元素をまき散らす。まき散らされた元素は星間ガスや塵となって、漂うことになる(図の右側)。それが再び、重力によって引き寄せ合い、密度、温度が臨界値に達すると核融合のスイッチが入り、星として再生するのである。ファウラーが描いた図は、星の〝輪廻転生(りんねてんしょう)〟を表している。

ということは、地球もそこに出現した生物もすべて、太陽系の〝親〟(一世代前)に当たる星が最期を迎え、飛散したときまき散らした元素によってつくられていることになる。この点について、ファウラーはノーベル賞講演の最後にこう語っている。

「水素を別にすると、皆さんの体は六五%が酸素、一八%が炭素であり、そしてもう少し低い割合で窒素、ナトリウム、マグネシウム、リン、硫黄、塩素、カリウム、さらにほんのわずかではあるが、より重い元素が含まれています。したがって、皆さんも私もまさに文字どおり、星くず(スターダスト)の小さな集まりといえるのです」("Nobel Lectures Physics 1981–1990" World Scientific)。

図4-18　チャンドラセカール("Nobel Lectures Physics 1981-1990" World Scientific より)

ノーベル賞の講演は、プレゼンテーションに粋(いき)な工夫を施されたものが多いが、「我々は星くずの小さな集まり」という文学的な表現は、星空を見上げたとき、ふと自分の存在に思いを馳(は)せたくなるロマンティックな表現といえるであろう。

なお、ファウラーと同時に、チャンドラセカールが「星の進化と構造に関する物理的過程の研究」でノーベル物理学賞を受賞している(図4-18)。

質量は太陽ほどもありながら、進化の末に地球ほどのサイズに収縮した白色矮星(わいせい)と呼ばれる星が知られている。チャンドラセカールは弱冠二二歳の若さで、白色矮星が形成される条件として、星の質量の上限が太陽の約一・四倍(これをチャンドラセカール質量という)であることを明らかにした。また、その上限質量を超えると、星は重力崩壊を起こしてつぶれ、ブラックホールとなることを理論的に示したのもチャンドラセカールである。

ヒューウィッシュ　　ライル

図4-19　1974年のノーベル物理学賞受賞者
("Nobel Lectures Physics 1971-1980" World Scientific より)

電波とX線で見る宇宙

ところで、ガリレオが夜空に望遠鏡を向け、その観測成果を『星界の報告』(一六一〇年)として発表してから二〇世紀半ばまで――望遠鏡の性能は格段に向上したものの――宇宙を眺めるのに利用されていたのは可視光だけであった。

ところが、第二次世界大戦中にレーダーをはじめとする電波技術が急速な進歩をみせたことから、大戦後、宇宙から飛来する電波を捉えて天体観測を行う電波天文学という新しい分野が誕生した。その際、先駆的な業績を収めたのがイギリスのライルとヒューウィッシュの二人で、彼らには一九七四年、ノーベル物理学賞が贈られた(図4-19)。

まず、ライルは開口合成技術と呼ばれる観測方法を開発している。これは固定したアンテナと移動可能な複数のアンテナを組み合わせ、電波の干渉を利用して観測を行う仕組みである(図4-20)。こうすることで、望遠鏡の分解能が格段に向上した。また、地球の自転に合わせてアンテナの方向を効率よく変える工夫が施され、高感度、高精度で電波の受信が行わ

図4-20　ライルが開発した電波望遠鏡．手前のアンテナがレールの上を移動，後方のアンテナは固定されている(ライルのノーベル賞講演より)

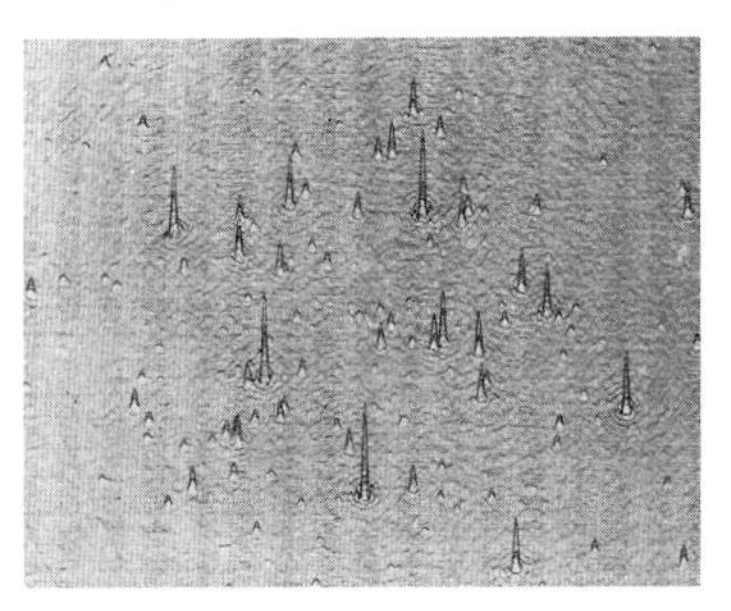

図4-21　ライルの電波望遠鏡(図4-20)が描いた天空の地図．従来の観測に比べ約100分の1の微弱な電波まで捉えられるようになった(ライルのノーベル賞講演より)

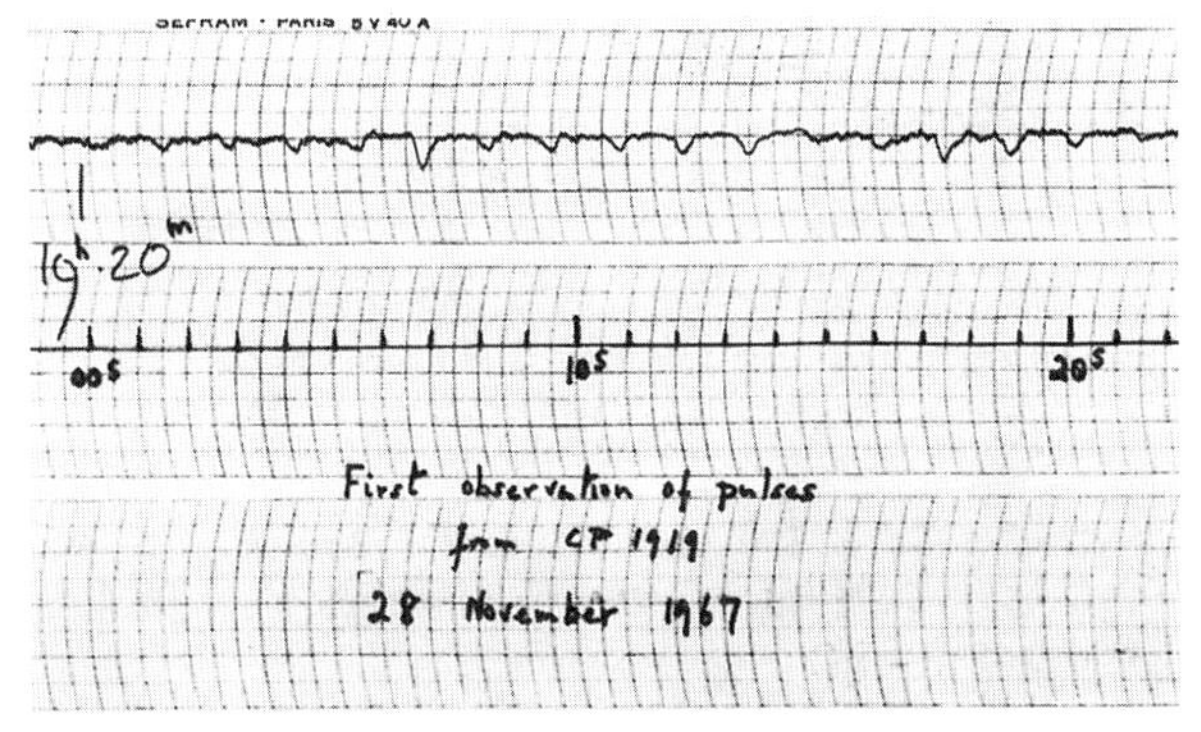

図 4-22　1967 年 11 月 28 日，パルス状の電波を初めて観測したときの記録．中央の横軸は時刻(19 時 20 分 00 秒～20 秒)．CP1919 は電波源につけた記号(ヒューウィッシュのノーベル賞講演より)

れるようになった。それにより、多くの微弱な電波源が発見された(図4-21)。こうして、三五〇年間、可視光だけが頼りだった天文学に、電波という宇宙の新しい情報源が加わったのである。

新しい情報源を得て発見された新種の天体に「パルサー」がある。

一九六七年、ヒューウィッシュの観測チームは宇宙から降り注ぐ電波の中に、通常のそれとは異なり、一・三三七秒というまるで時計ではかったように正確な周期をもつパルス状の電波信号を受信した(図4-22)。それは太陽系のはるか彼方から発せられていたのである。電波の脈打ち方があまりにも規則正しいことから、観測チームの中では、これは自然現象によって放射された電波ではなく、遠くの恒星をまわる惑星から送られてくる〝人工的な〟電波であり、地球外文明からのメッセージではないかという可能性まで考えられたと、ヒューウィッシュはノーベル賞講演の中で語っている。

結局、その正体はきわめて短い周期で自転している中性子星であることが突き止められた。中性子星とは、太陽ほどの質量の星が進化の末、半径一〇キロメートルほどに凝縮した超高密度（白色矮星よりもさらにコンパクト）の天体である。こうなると、物体は原子の状態ではもはや存在し得ず、電子は原子核内の陽子に吸収され、中性子だけからできた星になってしまう。

中性子は磁気を帯びているので、高速で自転する中性子星はその回転周期に見合った電波を放射する。それが、ヒューウィッシュのチームの電波望遠鏡で受信されたのである。規則正しい間隔でパルス状の電波を送ることから、この星はパルサーと名づけられた。

中性子星の存在は理論上は予言されていたものの、高々半径一〇キロメートル程度のサイズしかなく、光を出さないので観測されることはなかった。ところが、電波望遠鏡の開発により、それはパルサーとして発見されたのである。

こうして、宇宙の情報源は可視光だけでなく、それより波長の長い電波まで拡張されたわけであるが、反対に波長の短い電磁波であるX線を使って宇宙を眺めようとしたのが、ジャコーニである(図4-23)。

可視光や電波と異なり、X線は大気で吸収されてしまうため、地上では観測できない。そこで、ジャコーニは一九六二年、X線検出器を搭載したロケットを打ち上げ、太陽系の外にX線源となる天体が存在することを発見した。ただし、ロケットの場合、観測時間は限られていることから、得られる情報量には制約があったが、一九七〇年、ジャコーニの指揮のもと、初のX線観測衛星「ウフル」が打ち上げられ、X線天文学という新しい分野が確立された。

図4-23　ジャコーニ
(“Nobel Lectures Physics 2001-2005” World Scientificより)

ブラックホールの存在が指摘されたのも、強い重力場に周囲の物質が吸い込まれるとき発生するX線を捉えたことがきっかけであった(ブラックホールそのものは見えないが)。他にも、X線を通し、超新星、クェーサー、銀河団などについての情報が蓄積されていった。

こうした一連の先駆的な業績により、ジャコ

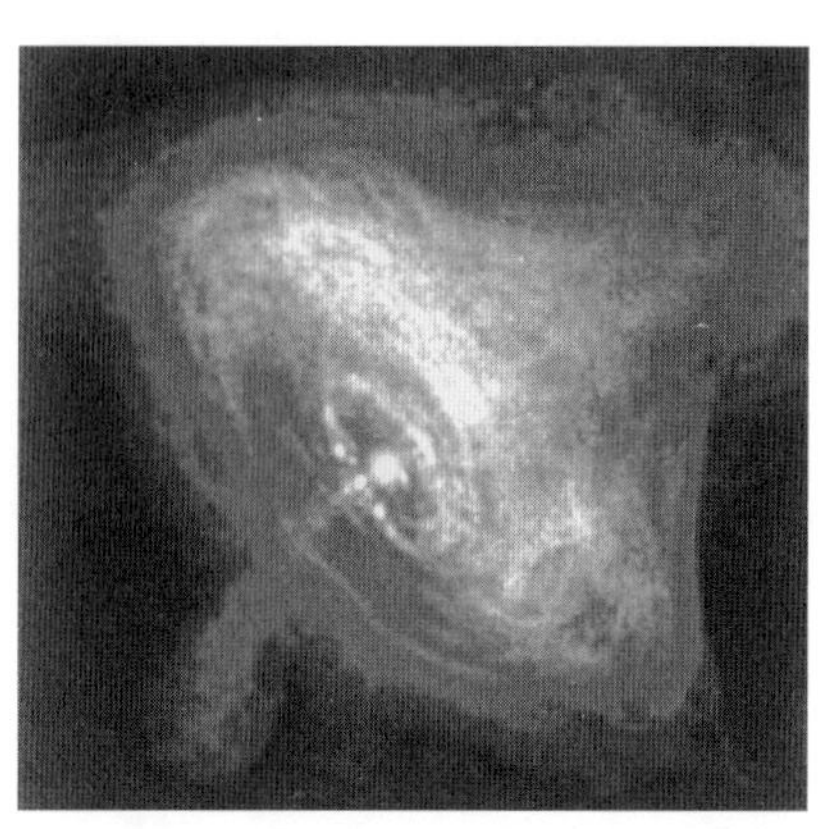

図4-24　NASAのチャンドラ観測衛星によるカニ星雲のX線画像(ジャコーニのノーベル賞講演より)

ーニは二〇〇二年、ノーベル物理学賞を贈られた(図4-24)。

ニュートリノで見る宇宙

この年、ジャコーニとの同時受賞に輝いたのが、ニュートリノ天文学を開拓したデイヴィスと小柴昌俊である。

1章で触れたように、ニュートリノは物質とほとんど相互作用しないことから〝幽霊粒子〟と呼ばれていたほど、観測が難しい素粒子である。ライネスとコーワンが原子炉を用いて、その検出に初めて成功したのは一九五六年のことであり、梶田隆章が「スーパーカミオカンデ」(図1-4)の観測で、ニュートリノに質量があることを証明したのは一九九八年のことになる(1章「ニュートリノ振動」参照)。

ライネスらの実験から一三年後の一九六九年、デイヴィスは原子炉内で進行する核反応の生成物としてではなく、太陽で生まれたニュートリノの検出に初めて成功したのである(図4-25)。太陽の中心部で起きる核融合によって発生するニュートリノは、ほぼ光速で太陽表面に到達し、そのまま宇宙空間に放出される。それを観測し、太陽内部で進行している現象を探ろうというのが、デイヴィスの目的であった。

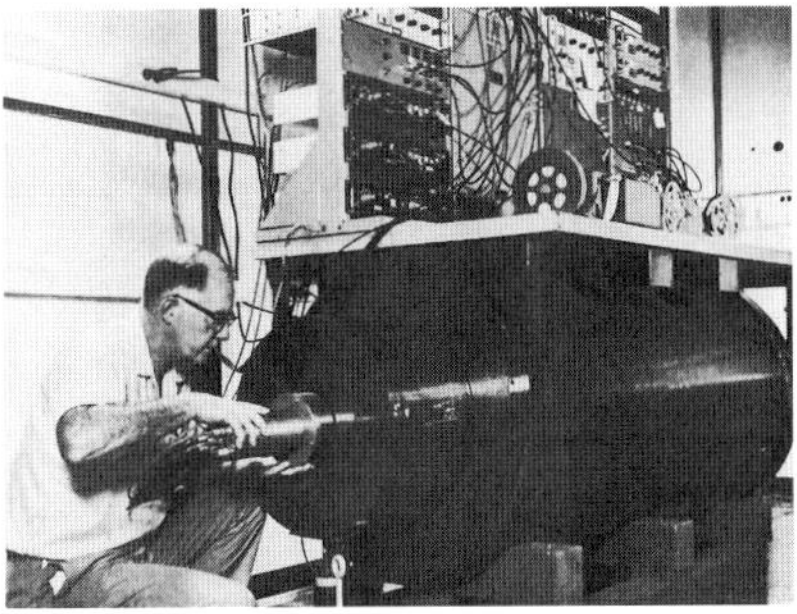

図4-25　実験中のデイヴィス，1969年
（デイヴィスのノーベル賞講演より）

　そこで、デイヴィスはサウスダコタ州の地下一〇〇〇メートルの廃坑に、六〇〇〇トンの液体四塩化エチレンを満たしたタンクを設置した(図4-26)。ここまで地下深く潜れば、他の宇宙線(地球に降り注ぐ放射線)が地殻で遮断されるため、雑音を排除して、ニュートリノを検出するのに適した環境が整えられるわけである。こうすることにより、ごく小さな確率ではあるものの、ニュートリノが塩素の原子核に衝突したとき進行する核反応の生成粒子を観測することにより、ニュートリノの飛来が確認されたのである。

　一方、小柴は岐阜県神岡町(現飛騨市)の地下一〇〇〇

図 4-26　タンクを設置する空洞をつくる掘削工事が半分，進んだところ，1965 年(デイヴィスのノーベル賞講演より)

図 4-27　光電子増倍管を前にした小柴(ノーベル賞講演より)

○メートルの坑道内に設置した「カミオカンデ」(これの後継装置が「スーパーカミオカンデ」)で一九八七年、一六万光年彼方の超新星爆発によって放出されたニュートリノを捉えた。「カミオカンデ」は三〇〇〇トンの純水を満たしたタンクの内壁に、一〇〇〇個の光電子増倍管をすき間なく張り巡らせた装置である(図4-27)。この光電子増倍管により、ニュートリノが飛来したとき水の中で生じるチェレンコフ放射が観測されたのである（1章「素粒子実験の大規模化」参照）。

超新星から届いたニュートリノは、素粒子を通して星の進化を探る貴重なデータをもたらしてくれた。こうして、宇宙を見る手段には、可視光を含む広い波長領域の電磁波に加え、素粒子も組み入れられてきたのである。

一般相対性理論と重力

さて、電磁波、素粒子につづき、宇宙を探査する第三の手段として、目下、熱い視線を浴びているのが、アインシュタインが一九一六年、その存在を理論的に予言した重力波である。

アインシュタインが重力波を導き出すことになる一般相対性理論を発表したのは一九一五年のことであった。これは重力と加速度が等価であるとする原理を基盤にして、物体の運動を記述する理論であり、時間と空間（時空）の概念に根底から変更を迫るものとなった。その結果、質量の大きい星のまわりの重力場（重力が作用する空間）を考えると、相対性理論の効果が強くなり、ニュートン力学は適用できなくなることが指摘されたのである。

当時、この革新的な理論の正しさを実証する具体例となったのが、水星の近日点移動の説明である(近日点とは、惑星が楕円軌道上で太陽にもっとも近づく位置)。一九世紀の時代から、水星の近日点が少しずつ移動していることが知られていた。つまり、太陽を楕円軌道の焦点に置いたまま、水星の軌道が徐々に回転しているのである。この現象をニュートン力学で説明しようとしても、観測結果と力学計算の間でくい違いが生じてしまう。

水星は一番内側の軌道をまわる惑星であることから、その分、太陽の強い重力を受ける。結果、相対性理論の効果が顕著になる。

そこで、アインシュタインがニュートン力学に代わり、相対性理論によって与えられる重力場内での運動方程式を用いて水星の近日点移動を計算したところ、観測とのよい一致をみたのである。

これと関連し、もう一つ有名な具体例が、星の近くを通過する光が重力の作用により(レンズと同じように)、屈曲するという現象である。星の質量が大きいほど(重力場が強いほど)、屈曲の仕方も大きくなる。こうした相対性理論の効果は、日食を利用すれば確認できると期待された。

図4-28は、アインシュタインがアメリカの天文学者へールに宛てた手紙(一九一三年一〇月一三日付)に描いた図で、星(Stern)から出た光(実線)が太陽(Sonne)をまわり込むよう

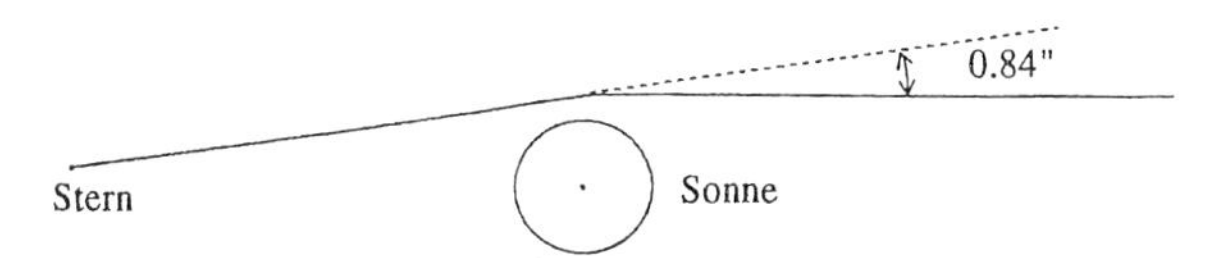

図 4-28　太陽による光の屈曲を示したアインシュタインの図(The Collected Papers of Albert Einstein, vol. 5, Princeton University Press より)

にして地球に届く進路が示されている(手紙では、光の屈曲角は〇・八四秒角と記されているが、一九一五年の論文では一・七秒角と修正された)。

図に示された位置関係にある星は光が屈曲しても、太陽の明るさにかき消され実際には見えないが、皆既日食のチャンスを利用して観測を行えば、相対性理論の検証は可能になる。そのチャンスは一九一九年五月二九日に到来した。この日、イギリスの天文学者エディントンの指揮のもと、アフリカ西海岸とブラジル北西部で、皆既日食を起こした太陽をまわり込んで光が届くヒヤデス星団の観測が行れたのである。

その半年後、今度はヒヤデス星団が夜空に見えるとき(図4-28でいうと、星と太陽の間に地球がきたとき)、再び観測を行い、太陽により光が屈曲する角度を求めることになった。

エディントンの観測隊による結果は一九一九年一一月六日、ロンドンで開かれた王立協会と王立天文学会の合同会合で発表され、アインシュタインの計算とみごとに一致することが報告された。このときの様子を数学者で哲学者のホワイトヘッドは、こう伝えている。

「関心が集中して張りつめた全体の雰囲気は、古代ギリシア劇そのものという趣であった。われわれは最高の出来事が明らかになっていくなかで、運命の定めについて一斉に論評する、いわば合唱隊であった。演出そのものに劇的なところがあった。伝統的な儀式がおこなわれ、背後にはニュートンの肖像画が掛けてあり、科学における最大の一般法則が、二〇〇年以上を経て、今このときに初めて修正されようとしていることを、われわれに思い起こさせた」(A・ロビンソン編著、前掲書)。

かつて、ニュートンが会長の職にあった王立協会の場で、太陽の重力によって光がカーブを描く観測結果を通し、相対性理論の正しさが広く世界に発信されたのである。

アインシュタインのノーベル賞

ところで、ニュートン力学に修正を迫るこれほどセンセーショナルな観測結果が得られたことを考えると(加えて、水星の近日点移動の説明も合わせると)、アインシュタインは相対性理論の業績により、ノーベル賞を贈られてもおかしくはなかったと思いたくなる。

図 4-29　ノーベル賞講演を行うアインシュタイン(右端).
1923 年, スウェーデンのイェーテボリにて(A. ロビンソン
編著, 前掲書より)

ところが、1章「電子の二重性」で述べたように、一九二二年(前年度づけとして)、アインシュタインへの授賞理由は光電効果の理論であり、相対性理論ははずされていた(それでも、科学界最高の栄誉を手にしたのであることを考えると、天才の偉大さをあらためて思い知らされる)。

なお、ノーベル賞の知らせを日本へ向かう船上で受けたアインシュタインは、授賞式に出席できなかったため、翌年、受賞講演を行ったわけであるが(図4-29)、このとき、アインシュタインが選んだ講演のテーマは光電効果の理論ではなく、ノーベル賞からはずされた相対性理論の方であった。

一九七八年、低温物理学の業績でノーベル

物理学賞を贈られたカピッツァが受賞講演に選んだテーマは、受賞理由とまったく関係のない熱核反応に関する話題であったことはすでに触れたとおりである（2章「超流動の発見とカピッツァのノーベル賞講演」参照）。カピッツァが慣例に従わず、敢えてそうした行動をとったのは、なにか含むところがあったのではないかと書いたが、アインシュタインの場合についても、同じような思いをつい抱きたくなる。

一九二二年一二月一〇日、アインシュタインに対しノーベル賞授賞のことばを贈ったスウェーデン科学界の重鎮アレニウスは実は、その中で、相対性理論についてもちゃんと言及しているのである。そして、この理論は天体物理学上の観測を通し、厳密に実証されているとまで述べている。

にもかかわらず、相対性理論が受賞理由に明記されなかったのは、やはり、実証の舞台となった天文学はノーベル物理学賞の対象とはならないという認識が、まだ強かったからであろう。これに対し、アインシュタインが「相対性理論の基本的考え方と問題点」と題して受賞講演を行った意図は、そうした学問上の垣根を超え、相対性理論がこれからは物理学の基盤をなす理論となるという読みと自負があったからではないかと思われる。

実際、その後の物理学、天文学およびテクノロジーを含めた周辺諸分野の歩みをたどると、アインシュタインの読みはそのとおりであったことがよく分かる。そして、本章で見てきたように、今や天文学はノーベル物理学賞の対象として組み入れられているのである。

さきほど書きかけた重力波も、その好例といえる。

時空の〝小波〟

重力波は電磁波とのアナロジーで捉えると分かりやすいかもしれない。

一八六五年、マクスウェルは「電磁場の動力学的理論」を発表し、電場と磁場を統一して記述する連立の微分方程式を提示した。そしてその方程式を解くと、電場と磁場が波動となり、真空中を光速で伝わる現象、つまり電磁波の存在を導き出したのである。

マクスウェルが予言した電磁波は一八八八年、ヘルツによって実際に検出され、その後、間もなく、マルコーニやブラウンにより無線通信へと応用される（一九〇九年ノーベル物理学賞）。

一方、重力波の方はアインシュタインが一九一六年に発表した「重力場方程式の積分の近似法」の中で、電磁波と同様、重力場がエネルギーと運動量を運ぶ波となって、光速で伝わるという結論によって、その存在が予言された。電荷が運動すると、それにつれて電磁場が振動するように、質量のある物体に変化が生じると、周囲の重力場が波となって空間を広がっていくというわけである。

ただし、電磁波に比べ、重力波の影響は時空の〝小波(さざなみ)〟と表現されるくらい微弱である。いや、小波と形容することすら大げさと思われるほど、その効果はかすかなのである。

従って、これを検出するには、地上の実験室でいかに工夫をこらしても無駄(むだ)になる。巨大な質量が一瞬にして消滅したり、強い重力のもとで行われる運動現象を利用しなければ、重力波の観測はとても覚(おぼ)つかない。それを可能とするには、宇宙に目を向けなければならなかったわけである。

連星パルサーと重力波

一九七八年、間接的な証拠ながら、重力波が初めて検出された。アインシュタインの予言から六二年めの出来事である。この快挙を成し遂げたのは、アレシボの電波望遠鏡(プエルトリコにある、当時、世界最大の電波望遠鏡。図4-30)を使って、パルサーの観測をつづけていたハルスとテイラーの二人である(図4-31、4-32)。

パルサーはヒューウィッシュの観測チームによって発見されて以降、数多く見つかってい

図 4-30　アレシボの電波望遠鏡(ハルスのノーベル賞講演より)

図 4-32　テイラー
("Nobel Lectures Physics 1991-1995" World Scientific より)

図 4-31　アレシボでパルサーを観測中のハルス(ノーベル賞講演より)

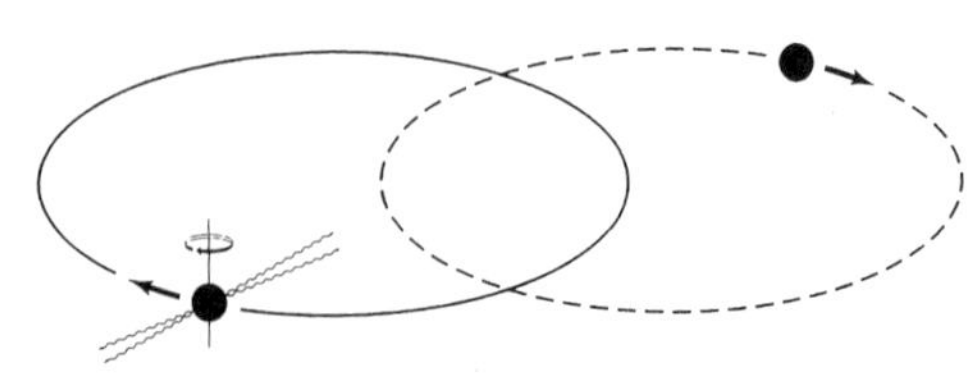

図4-33　パルサー(左)と伴星(右)(ハルスのノーベル賞講演より)

るが、ハルスとテイラーは一九七四年、それまで知られているものとは異なる電波の出し方をするパルサーの存在に気がついた。

一般に、パルサーは一定の周期で電波を放射する(図4-22参照)。ところが、彼らが見つけたそれは、周期がある規則性をもって変動していたのである。この新奇な現象は、パルサーにもう一つパートナー(伴星)が存在する、つまり連星系を成していると仮定すると説明がついたのである。主星に当たるパルサーと伴星に当たるもう一つの中性子星が、両者の重心を焦点にする楕円軌道の上をまわっている(ケプラー運動をしている)ため、その運動に従うドップラー効果の影響で、地球から観測していると、電波の周期が規則的に変動するというわけである(図4-33)。

こうして、ハルスとテイラーは初めて連星系パルサーを発見したわけであるが、これだけであれば、彼らが一九九三年にノーベル物理学賞を手にすることはなかったであろう。二人にノーベル賞をもたらしたのは、もう一つ重要な発見があったからである。それは、パルサーの楕円軌道が徐々に小さくなり、公転周期も短くなっているという観測結果であった。

さきほど述べたように、高密度のパルサー(中性子星)は周囲に強い重力場を形成する。そのパルサーが連星系を成して楕円軌道を描いて運動すると、それにつれて重力場が変化し、重力波が放出される。

重力波を放出すると、その分、パルサーはエネルギーを失うので、軌道は徐々に小さくなり、公転周期も短くなっていく(いずれ、連星は互いの重力で衝突、合体すると予想される)。ハルスとテイラーが観測したパルサーのこのような公転運動の変化は、重力波の放出を仮定した一般相対性理論の計算と一致したのである。

その強さがあまりにも微弱なため、重力波は長いこと理論上の存在であったが、連星系パルサーという格好の天体の発見を通し、間接的ながら、アインシュタインの予言は確かめられたのである。

そうなると、今度は、この時空の小波を間接ではなく直接、捉えたいと考えたくなるのは自然の流れであろう。アインシュタインが重力波の論文を発表してからちょうど一〇〇年めの年、ついにその時が訪れたのである。

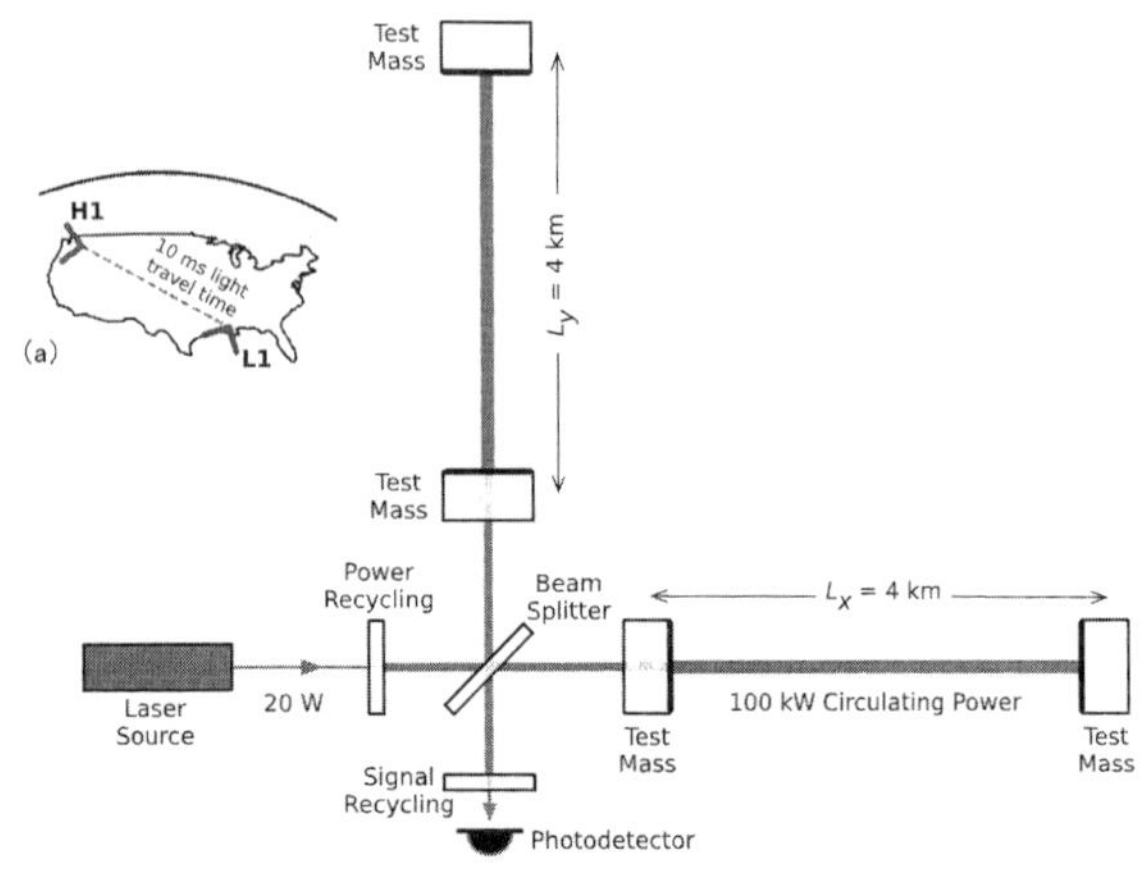

図 4-34　LIGO の重力波検出装置．左上は，リビングストン(L1)とハンフォード(H1)の位置を示すアメリカの地図(B. P. Abbott et al., Physical Review Letters 116, 061102(2016)より)

重力波の直接観測

二〇一六年二月一一日、アメリカの研究チームが初めて、重力波の直接観測に成功したと発表した。観測が行われたのは、リビングストン(ルイジアナ州)とハンフォード(ワシントン州)にそれぞれ設置された「LIGO(ライゴ)」(Laser Interferometer Gravitational-Wave Observatory)と呼ばれる、レーザーの干渉を利用して重力波の検出を行う装置である。

LIGOは全長四キロメートルの二本の真空のパイプ(アームという)を直交させ、その中をレーザービームが往復するようにつくられている(図4-34)。二本のビームをアームの交点から同時に送れば、先端で反射されたビームは同時に出発点に戻ってくる。

ところが、重力波がやってくると時空にゆがみが生じるため、二本のアームの中をレーザービームが往復する相対的な距離に違いができる。つまり、二本のビームは同時に戻ってくるのではなく、到着時間に差が生じる。結果、戻ってきたとき、二本のビームの重ね合わせによってつくられる干渉パターンに変化が現れる。これを観測すれば、重力波が検出できるというわけである。

ただし、相対的な距離の変化はわずかに10^{-21}程度にすぎない。これはたとえてみれば、太陽と地球の距離(約一億五〇〇〇万キロメートル)が水素原子1個ぶん(約10^{-10}メートル)変化するだけの長さである。そこで、レーザービームをアームの中で何百回も往復させ、走らせる距離をかせぐように工夫されてはいるが、それでも気の遠くなるような測定精度が要求されるわけである。

光の干渉を計測に応用するという技術は一九世

図 4-35 マイケルソン
(『ノーベル賞講演 物理学1』講談社より)

表 4-2　レーザー関連のノーベル物理学賞

年	受賞者	業績
1964 年	C. H. タウンズ N. G. バソフ A. M. プロホロフ	メーザーとレーザーの発明
1966 年	A. カストレル	原子内の電波共鳴の光学的方法の発見と開発
1971 年	D. ガボール	ホログラフィーの発明
1981 年	N. ブルームバーゲン A. L. ショーロー	レーザー分光学の研究
1989 年	N. F. ラムゼー	ラムゼー共鳴法の開発およびその水素メーザーや原子時計の応用
	H. G. デーメルト W. パウル	イオントラップ法の開発
1997 年	S. チュー C. コーエン＝タヌジ W. D. フィリップス	レーザーによる原子の冷却・捕捉技術の開発
2001 年	E. A. コーネル W. ケターレ C. E. ウィーマン	アルカリ気体のボース-アインシュタイン凝縮の成功とその基本的性質の研究
2005 年	R. J. グラウバー	レーザー光の量子理論の構築
	J. L. ホール T. W. ヘンシュ	レーザー光による精密分光技術の開発
2012 年	D. J. ワインランド S. アロシュ	量子システムの計測と操作を可能にした実験手法の開発

（小山慶太『ノーベル賞でたどる物理の歴史』丸善出版より）

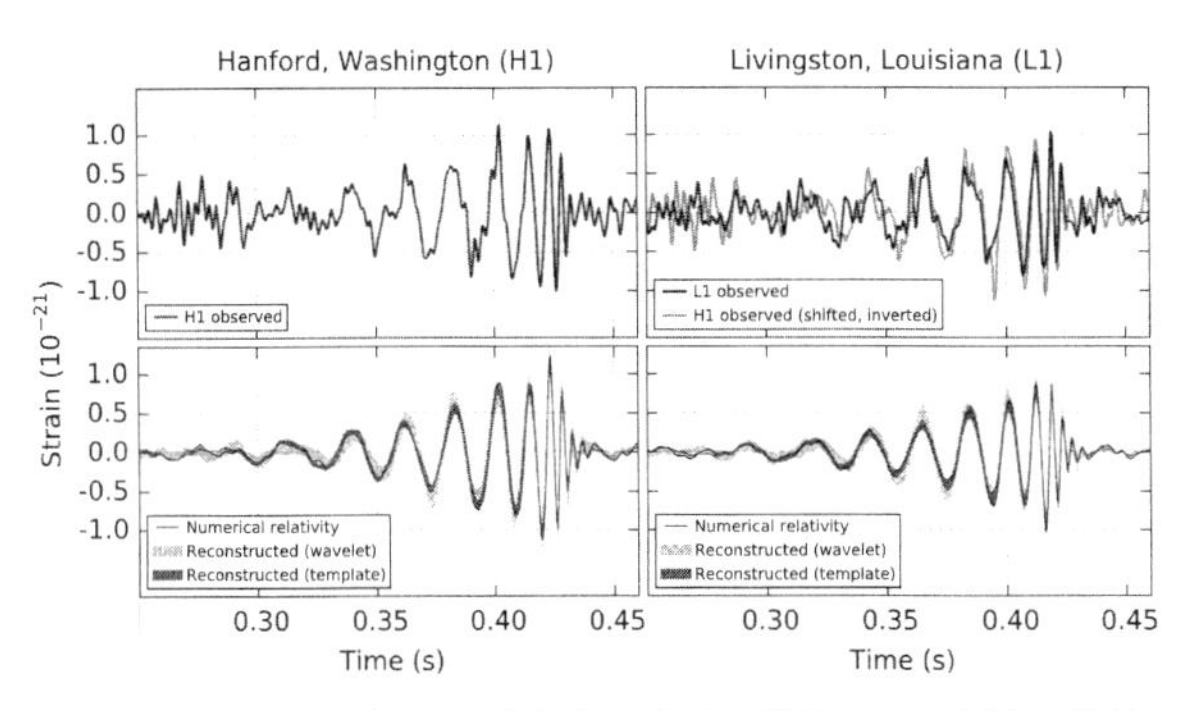

図 4-36　LIGO が捉えた重力波の波形．横軸は時間(秒)，縦軸は振幅．左上はハンフォード, 右上はリビングストンの観測記録．左下と右下はコンピュータ・シミュレーションが描く波形．観測と計算はよく一致している(B. P. Abbott et al., 前掲論文より)

紀末にはすでに、高い精度を誇っていた。早くも一九〇七年、この分野の開拓により、マイケルソンがアメリカ人として初のノーベル物理学賞に選ばれている(図4-35)。この計測技術は二〇世紀後半、レーザーが開発されると、さらに格段の進歩をみせた(表4-2)。測定誤差を10^{-21}以内に収めるなどという〝神業(かみわざ)〟は、レーザー・テクノロジーの発展なくしては成し得ないことであった。

こうした計測技術を基盤にして二〇〇二年に観測を始め、二〇一五年に検出器の性能を改良したLIGOは、その年の九月一四日、重力波の初観測に成功した。そして、コンピュータ・シミュレーションの計算結果と照らし合わせたところ、この重力波源は一三億光年の彼方で二つのブラックホールが合体したことによるものと結論づけられた(図4-36)。

重力波が放射されるパターンとしては、超新星の爆発、中性子星の合体、そしてブラックホールの合体の三つが想定され、それぞれのシミュレーションが得られているが、LIGOが捉えた重力波は三つめのそれと合致したのである。つまりは、ブラックホールには連星が存在し、それが合体した証拠を初めて捉えたことになる。

おそらく、重力波の直接観測は近い将来、ノーベル賞の対象になるものと予想される。そして、LIGOの他にも日本の「KAGRA」、ドイツの「GEO600」、イタリアの「VIRGO」という重力波観測施設が建設されており、宇宙の新しい情報源を手に入れた天文学は電磁波や素粒子では捉えられない、多くの現象を見つけ出すものと期待される。

それがまた、二一世紀のノーベル賞にどのような形で反映されていくのか興味は尽きないところである。

小山慶太
1948年，神奈川県生まれ．早稲田大学理工学部卒業，理学博士．現在，早稲田大学社会科学総合学術院教授．専攻は科学史．著書に『入門 現代物理学』『科学史人物事典』『寺田寅彦』『科学史年表』(以上，中公新書)，『光と電磁気』『光と重力』(以上，講談社ブルーバックス)，『若き物理学徒たちのケンブリッジ』(新潮文庫)，『ノーベル賞でたどる物理の歴史』(丸善出版)，『科学歳時記　一日一話』『エネルギーの科学史』(以上，河出ブックス)など多数．

ノーベル賞でつかむ現代科学　岩波ジュニア新書 839

2016年9月21日　第1刷発行

著　者　小山慶太（こやまけいた）

発行者　岡本　厚

発行所　株式会社 岩波書店
〒101-8002 東京都千代田区一ツ橋 2-5-5
案内 03-5210-4000　営業部 03-5210-4111
ジュニア新書編集部 03-5210-4065
http://www.iwanami.co.jp/

組版　シーズ・プランニング
印刷製本・法令印刷　カバー・精興社

ISBN 978-4-00-500839-1　　Printed in Japan

岩波ジュニア新書の発足に際して

きみたち若い世代は人生の出発点に立っています。きみたちの未来は大きな可能性に満ち、陽春の日のようにひかり輝いています。勉学に体力づくりに、明るくはつらつとした日々を送っていることでしょう。

しかしながら、現代の社会は、また、さまざまな矛盾をはらんでいます。営々として築かれた人類の歴史のなかで、幾千億の先達たちの英知と努力によって、未知が究明され、人類の進歩がもたらされ、大きく文化として蓄積されてきました。にもかかわらず現代は、核戦争による人類絶滅の危機、貧富の差をはじめとするさまざまな人間的不平等、社会と科学の発展が一方においてもたらした環境の破壊、エネルギーや食糧問題の不安等々、来るべき二十一世紀を前にして、解決を迫られているたくさんの大きな課題がひしめいています。現実の世界はきわめて厳しく、人類の平和と発展のためには、きみたちの新しい英知と真摯な努力が切実に必要とされています。

きみたちの前途には、こうした人類の明日の運命が託されています。ですから、たとえば現在の学校で生じているささいな「学力」の差、あるいは家庭環境などによる条件の違いにとらわれて、自分の将来を見限ったりはしないでほしいと思います。個々人の能力とか才能は、いつどこで開花するか計り知れないものがありますし、努力と鍛練の積み重ねの上にこそ切り開かれるものですから、簡単に可能性を放棄したり、容易に「現実」と妥協したりすることのないようにと願っています。

わたしたちは、これから人生を歩むきみたちが、生きることのほんとうの意味を問い、大きく明日をひらくことを心から期待して、ここに新たに岩波ジュニア新書を創刊します。現実に立ち向かうために必要とする知性、豊かな感性と想像力を、きみたちが自らのなかに育てるのに役立ててもらえるよう、すぐれた執筆者による適切な話題を、豊富な写真や挿絵とともに書き下ろしで提供します。若い世代の良き話し相手として、このシリーズを注目してください。わたしたちもまた、きみたちの明日に刮目しています。（一九七九年六月）